幼儿园教师资格考试"十三五"规划教材

总主编 朝泽明

计算机

JISUANJI

信息技术与应用

XINXI JISHU YU YINGYONG

主编 熊有华 徐俊峰 戚 鹏

U0340323

 郑州大学出版社

郑州

图书在版编目(CIP)数据

计算机信息技术与应用/熊有华　徐俊峰　戚鹏主编 . —郑州：
郑州大学出版社,2018.8(2020.7 重印)
ISBN 978 - 7 - 5645 - 5720 - 1

Ⅰ.①计… Ⅱ.①熊… ②徐… ③戚… Ⅲ.①电子计算机 –
教材 Ⅳ.①TP3

中国版本图书馆 CIP 数据核字(2018)第 178894 号

郑州大学出版社出版发行
郑州市大学路 40 号　　　　　　　　　　　邮政编码:450052
出版人:孙保营　　　　　　　　　　　　　发行电话:0371 – 66966070
全国新华书店经销
河南安泰彩印有限公司印制
开本:890 mm×1 240 mm　1/16
印张:13
字数:411 千字
版次:2018 年 8 月第 1 版　　　　　　　　印次:2020 年 7 月第 3 次印刷

书号:ISBN 978 – 7 – 5645 – 5720 – 1　　　　定价:29.00 元

作者名单

主　编　熊有华　徐俊峰　戚　鹏

副主编　崔鸿山　张顺兵

　　　　　司　明　王　丽

前 言

计算机作为信息社会的主要标志,已经渗透到人们的工作、学习、生活和娱乐的各个领域,计算机的操作应用能力是当今社会个人能力的一个重要因素。

为了适应幼儿师范学校课程改革的需要,根据幼儿师范学校的实际情况,河南省教育厅组织编写了河南省幼儿师范学校系列教材。计算机信息技术与应用作为幼儿师范学生的必修课程,旨在培养学生在未来的工作和实践中应用计算机的能力,为他们适应信息社会的需要打下良好的基础。

在本教材的编写过程中,我们参考了其他计算机应用类教材,并结合多年的教学实践,增加了一些实用性强的内容,力求做到内容新颖、全面,注重理论与实践紧密结合,反映出当前的新技术、新知识,使学生能够在较短的时间内掌握计算机基本知识和操作技能,并能够在实际工作和生活中得到应用。

教材共有 7 章,具体内容如下:

第一章详细介绍了计算机的发展、应用领域、工作原理、软硬件组成、数据编码和多媒体技术等知识,使学生能够全面地了解和认识计算机。

第二章重点介绍了 Windows 7 操作系统的使用,包括桌面操作、窗口操作、菜单操作、文件和文件夹的管理、使用控制面板进行系统设置,以及几个常用应用程序的操作等。

第三章介绍了使用 Word 2010 进行文档编辑排版的相关内容,包括文本的编辑和格式设置、表格的编辑和处理、图文混排、页眉/页脚的设置和文档的打印等内容。

第四章对 Excel 2010 的常用功能做了系统全面的阐述,使学生能够在实际案例的引导下掌握工作表的操作、数据的输入和格式设置、使用公式和函数进行计算,以及对数据进行管理分析等。

第五章讲解了在 PowerPoint 2010 中制作幻灯片的相关知识,包括幻灯片的管理和编辑、演示文稿的外观设置、动画效果的设置和幻灯片的放映等内容。

第六章介绍了计算机网络的基础知识、Internet 及其应用、IE 浏览器的使用、网络信息的搜索、文件的下载,以及如何申请电子邮箱和收发电子邮件等。

第七章是对计算机安全与维护的介绍,旨在使学生了解计算机的安全知识,掌握计算机病毒的预防和处理方法,会进行计算机软硬件的日常维护,另外介绍了计算机中常用的一些工具软件。

本教材结构合理、图文并茂、实例丰富、操作性强、简明易懂，所介绍的软件全部为当前主流的版本，可作为大中专院校计算机基础教材、各类培训班的教材和初学者的自学教材。

由于编者水平有限，难免有错误和不当之处，希望在使用该教材过程中，及时给我们提出宝贵意见和建议，以便及时修订。

编 者

2018 年 4 月

目 录

第一章　计算机基础知识

【本章要点】

(1)计算机的发展、特点、分类及其应用。

(2)计算机的组成和工作原理。

(3)计算机中数据的表示,字符和汉字的编码。

(4)多媒体技术知识。

电子计算机是 20 世纪最伟大的科学技术发明之一。计算机从诞生到现在短短的几十年时间,其硬件及其相关技术的发展突飞猛进,计算机的应用已经遍及人类社会的各个领域,极大地推动了人类社会的进步和发展。由计算机技术和通信技术相结合而形成的信息技术是现代社会最重要的技术支柱之一,对人类的生产方式、生活方式及思维方式都产生了极其深远的影响。

了解计算机基本知识,掌握计算机的日常使用和维护技能,是信息时代每一个人都应具备的基本技能。

第一节　计算机概述

一、计算机的发展史

(一)计算机的诞生

世界上第一台电子计算机诞生于 1946 年 2 月,它是美国军方为了计算炮弹轨迹而委托美国宾夕法尼亚大学研制的,取名为电子数字积分计算机(Electronic Numerical Integrator And Calculator, ENIAC)。它使用了 18 000 多个电子管、1 500 个继电器、70 000 只电阻,每小时耗电 140 千瓦,占地 167 平方米,重达 30 吨,计算速度为每秒 5 000 次加法运算。虽然它的功能远不如现在的一台普通计算机,但它的诞生使信息处理技术进入了一个崭新的时代,标志着人类文明的一次飞跃和电子计算机时代的来临。

(二)计算机的发展阶段

第一台计算机诞生至今,伴随着电子技术的发展,计算机制造技术和应用范围发生了翻天覆地的变化。从电子管到晶体管,再到集成电路和大规模集成电路,计算机的体积越来越小,速度越来越快,存储容量越来越大,功能越来越强,品种数量越来越多,应用领域越来越广。特别是体积小、价格低、功能强的微型计算机的出现,使得计算机迅速普及,进入办公室和家庭,在办公自动化和多媒体应用方面发挥了极大作用。到目前为止,计算机的发展已经经历了四代,正在向第五代过渡。

1. 第一代:电子管计算机(1946—1957 年)

这一时期主要元件是电子管。第一代计算机由于当时电子技术的限制,运算速度为每秒几千次到几万次,计算机程序设计语言还处于低级阶段,用 0 和 1 表示的机器语言进行编程,主要用于军事目的和科学研究领域的大量计算。

2. 第二代:晶体管计算机(1958—1964 年)

由于在计算机中采用了比电子管更先进的晶体管,计算机的体积大大减小,运算速度也从每秒几万次提高到几十万次。与此同时,计算机软件也有了较大发展,出现了高级程序设计语言,开始使用硬盘和磁带作为辅助存储器,使用范围也由单一的科学计算扩展到数据处理和事务管理等其他领域。

3. 第三代：集成电路计算机(1965—1971 年)

这一时期的计算机的主要元件使用了中小规模集成电路。所谓集成电路是用特殊的工艺将包含大量元件的电子线路做在一块硅片上,通常一平方厘米硅片可放置成千上万个电子元件。集成电路计算机的体积更小、价格更低,但可靠性更高、速度更快。软件在这个时期也形成了产业,出现了分时操作系统和结构化程序设计语言。第三代计算机在科学计算、数据处理、自动控制和辅助设计等方面得到了应用。

4. 第四代：大规模集成电路计算机(自 1971 年至今)

第四代计算机的元件主要是采用大规模集成电路和超大规模集成电路。外部存储器采用了软盘、硬盘和光盘等,外部设备有了很大发展。操作系统功能更加强大,计算机网络技术和多媒体技术迅速发展,软件发展成为新兴的高科技产业。特别是微型机的普及,使得计算机的应用领域渗透到人们工作和生活的各个方面。

二、计算机的特点

计算机又称为电脑,是一种高度智能化的电子设备,能处理包括字符、表格、图形、图像、声音等各种信息。它具有以下几个主要特点。

1. 运算速度快

运算速度快是计算机的一个最显著的特点。计算机的运算速度通常用每秒执行定点加法的次数或平均每秒执行指令的条数来衡量。目前计算机的运算速度一般可达每秒几亿次至上百亿次。计算机的应用,使得过去人工计算需要几年甚至几十年才能完成的科学计算,能在几小时或更短的时间内得到结果。随着科学技术的发展,计算机的运算速度还在迅速提高。

2. 计算精度高

计算机采用二进制数字进行计算,计算精度主要是由表示数据的字长决定的。随着字长的增加和先进计算技术的应用,计算精度不断提高,可以满足各类复杂计算对计算精度的要求。如计算圆周率,目前已可达到小数点后数百万位。

3. 具有记忆和逻辑判断能力

计算机具有超强的记忆能力,不仅可以存储大量的数据信息,而且存储的信息不容易丢失,在需要的时候很容易将其调出来。随着主存与外存容量的增大,计算机已成为存储信息的有力工具。计算机还具有很强的逻辑判断能力,可以根据判断结果自动执行相应的命令。

4. 自动化程度高

计算机内部的操作运算是根据人们预先编制的程序自动控制执行的,人们只需将程序和数据输入到计算机中,计算机就会按程序规定的操作,一步一步地自动完成,一般无须人工干预,这一特点是一般计算工具所不具备的。

5. 可靠性高、通用性强

由于采用了大规模和超大规模集成电路,现在的计算机具有非常高的可靠性。现代计算机不仅可以用于数值计算,还可以用于数据处理、自动控制、辅助设计、辅助制造和办公自动化等,具有很强的通用性。

三、计算机的分类

计算机的种类很多,一般可以按照性能和用途对其进行分类。

(一)按照性能分类

1. 巨型机

巨型机又称为超级计算机,它是计算机中速度最快、功能最强、存储量巨大、结构复杂的一类计算机,多用在国防、航天、生物、气象、核能等国家高科技领域和国防尖端技术中。例如我国的"神威·太湖之光"超级计算机运算速度峰值可达到每秒 12.5 亿亿次,其 1 分钟的计算能力,相当于全球 72 亿人同时用计算器不间断计算 32 年。

2. 大型机

大型机是计算机中通用性能最强,功能、速度、存储量仅次于巨型机的一类计算机,具有比较完善的指令系统和丰富的外部设备,很强的管理和处理数据的能力,一般用在大型企业、金融系统、高校、科研院所等。

3. 小型机

小型机是计算机中性能较好、应用领域广泛的一类计算机,具有高可靠性、高可用性、高服务性,主要供中小企业进行工业控制、数据采集、分析计算和企业管理。

4. 微型机

微型机也称为微机、个人计算机(PC),是应用领域最广泛、发展最快的一类计算机,具有体积小、重量轻、功能齐全、软件丰富、价格便宜等特点。目前微型机广泛应用于办公自动化、信息检索、家庭教育和娱乐等各个方面。

5. 单片机

单片机是集成在一块芯片上的完整的计算机系统。单片机价格便宜,是组成嵌入式系统的主要元件。目前几乎生活中的所有电器设备,如汽车、数字电视、数码相机和自动售货机等,都包含嵌入式系统。

(二)按照用途分类

1. 专用计算机

专用计算机是为适应某种特殊需要而设计的计算机,通常是增强了某些特定功能,而忽略一些次要的要求。专用计算机能高速度、高效率地解决特定问题,具有功能单一、使用面窄甚至专机专用的特点。

2. 通用计算机

通用计算机广泛适用于一般科学计算、学术研究、工程设计、数据处理和日常生活等。具有功能多、配置全、用途广、通用性强等特点。目前市场上销售的计算机多属于通用计算机。

四、计算机的应用

计算机之所以发展得如此迅猛,与计算机的广泛应用是分不开的。归纳起来,计算机主要应用在以下几个方面。

1. 科学计算

计算机最初就是为满足科学计算的需要而研制的。科学计算所解决的大都是从科学研究和工程技术中提出的一些复杂的数学问题,计算量大而且精度要求高,只有运算速度快和存储量大的计算机系统才能完成。如气象预报、人造卫星轨道的计算等。

2. 信息处理

信息处理是计算机应用最广泛的领域之一。信息处理是指用计算机对文字、图像、声音等各种形式的信息进行收集、存储、加工、分析和传送的过程。计算机用于信息处理,对办公自动化、管理自动化乃至社会信息化都有积极的促进作用。

3. 实时控制

实时控制是指用计算机进行监控和检测,根据最佳方案迅速对控制对象进行自动控制或自动调节。实时控制在工业生产自动化和军事等方面有广泛的应用。如军事上的导弹发射和制导过程中,要不停地测试飞行参数,快速地计算和处理后发出控制信号控制导弹的飞行状态,直到到达预定的目标。

4. 计算机辅助

计算机辅助也有广泛的应用,如计算机辅助设计(CAD)、计算机辅助制造(CAM)、计算机辅助测试(CAT)和计算机辅助教学(CAI)等。

5. 网络应用

将具有独立功能的计算机互相连接起来,可以进行信息的传递、转换和传播,实现数据通信和资源共享。

6. 人工智能

人工智能是指使用计算机来模拟人类的智能活动。目前人工智能主要应用在机器人、专家系统、模式识别等方面。

7. 多媒体应用

多媒体包括文本、图形、图像、动画、音频、视频等多种信息类型。利用计算机进行多媒体信息的捕捉、传输、转换、编辑、存储和管理,并综合处理为这些信息有机结合的视听信息。多媒体与人工智能的集合还促进了虚拟现实和虚拟制造。

8. 嵌入式系统

将计算机处理芯片嵌入到某些设备中,完成特定的处理任务,称为嵌入式系统。如在家电领域,嵌入式系统实现了冰箱、空调等的网络化、智能化,使人们的生活步入了崭新的空间。

第二节 计算机系统原理

一台完整的计算机系统由硬件系统和软件系统组成。硬件系统是构成计算机的各种装置的总称,是看得见、摸得着的物理实体。软件系统是为了运行、管理和维护计算机而编制的程序,运行程序所需的数据和相关文档的总称,它们是在计算机硬件中运行的。计算机系统的各种功能都是由硬件系统和软件系统共同完成的,两者相辅相成、缺一不可。一个完整的计算机系统如图1-1所示。

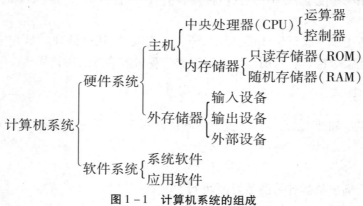

图1-1 计算机系统的组成

一、计算机硬件系统

计算机硬件由运算器、控制器、存储器、输入设备和输出设备五大部件组成,每一部件分别按要求执行特定的功能,如图1-2所示。

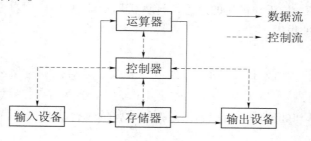

图1-2 计算机结构示意图

1. 运算器

运算器又称为算术逻辑单元(ALU),是计算机系统对数据进行加工处理的部件,主要功能是执行各种算术运算和逻辑运算。算术运算指各种数值运算,包括加、减、乘、除等;逻辑运算是进行逻辑判断的非数值运算,包括"与""或""非"、比较、移位等。

2. 控制器

控制器是协调指挥计算机各部件工作的元件,控制着整个处理过程有条不紊地工作,是计算机系统的控制中心。它的基本任务是根据各类指令的需要,综合有关逻辑条件与时间条件产生相应的微指令。

通常把运算器和控制器合称为中央处理单元(CPU),又称为中央处理器,是计算机的核心部件。在中央处理器中,还包含一些存储数据的寄存器(如指令寄存器、地址寄存器、程序计数器等)。

3. 存储器

存储器具有记忆功能,主要功能是存储程序和各种数据,并能在计算机运行过程中高速、自动地完成程序或数据的存取。存储器分为内存储器(简称内存或主存)和外存储器(简称外存或辅存)两大类。

内存储器又分为只读存储器(ROM)和随机存储器(RAM)两种。只读存储器中程序和数据只能读出,不能写入,断电后程序和数据不会丢失;随机存储器不仅可以读出程序和数据,而且还可以写入,但断电后其中的程序和数据将全部丢失。内存储器可以直接与 CPU 交换信息,速度快,存储容量较小,主要用于存放当前运行的程序和数据。

外存储器是内存储器的扩充,速度较慢,但存储容量大,主要用来永久保存大量暂时不用的程序、数据等。外存储器不能与 CPU 直接进行信息交换,其保存的程序、数据等需要先送入内存,才能被计算机处理。

另外,闪存(Flash Memory)也是微型机中常用的一种外部存储器。它是一种非易失性存储器,断电后数据不会丢失。闪存卡是利用闪存技术保存信息的存储器,一般应用在数码相机、手机、MP3 等小型数码产品中作为存储介质,如 SD 卡、CF 卡等。

存储容量是存储器的主要性能指标。表示容量的单位有字节(Byte,1 字节相当于 8 个二进制位)、千字节(kB)、兆字节(MB)、吉字节(GB)、太字节(TB)等。它们的换算关系如下:

1 kB = 1 024 B

1 MB = 1 024 KB

1 GB = 1 024 MB

1 TB = 1 024 GB

4. 输入设备

输入设备是用来向计算机输入各种原始数据和程序的设备。它把各种形式的信息,如数字、文字、图像等转换成计算机能够识别的二进制编码,并送入到计算机内存中存储起来,供计算机工作时使用。键盘是计算机系统的基本输入设备,常用的输入设备还有鼠标、扫描仪、图形输入板、话筒、视频摄像机等。

5. 输出设备

输出设备是从计算机输出各类数据的设备。它把计算机加工处理后存放在内存中的结果变换为人们所能接收和识别的信息形式,如文字、图形、声音等。常用的输出设备有显示器、打印机、绘图仪、音箱等。

通常将输入设备和输出设备合称为 I/O(输入/输出)设备。

二、计算机的软件系统

软件系统是使用计算机和发挥计算机效能的各种程序的总称。程序中包含控制计算机运行的各种指令集合,必须装入计算机内部才能工作。软件通常还包括便于用户了解程序所需的阐明性资料。软件是用户和硬件之间的接口界面,用户主要是通过软件与计算机进行交流。

计算机软件系统分为系统软件和应用软件两大类。

1. 系统软件

系统软件介于硬件和应用软件之间,负责管理计算机系统中各种硬件,使得它们可以协调地工作。具有代表性的系统软件有操作系统、数据库管理系统以及各种计算机语言的处理系统等,其中操作系统是管理、控制和监督计算机软件、硬件资源协调运行的程序系统,它是直接运行在计算机硬件上的、最基本的系统软件,如 Windows、Mac OS、Linux 等。操作系统是系统软件的核心,没有系统软件,应用软件不能运行。

2. 应用软件

应用软件是用户利用计算机及其提供的系统软件为解决实际问题而开发的计算机程序系统。它通常可以分为通用软件和专用软件两大类。

（1）通用软件。通用软件是为解决某一类问题而开发的，这类问题是大多数用户都会遇到和使用的。如办公软件、图片处理软件等。

（2）专用软件。专用软件是针对特殊用户的要求而设计的软件。如银行的金融处理系统、交通信号灯的自动控制系统等。

三、计算机的工作原理

计算机开机后，CPU 首先执行 BIOS（基本输入∕输出系统）ROM 中的部分系统程序，把一部分操作系统从磁盘中读入内存，然后再由读入的这部分操作系统装载其他的操作系统程序，这一过程就是计算机的启动过程。操作系统被装载到内存后，计算机才能接收用户的命令，执行各种程序，直到关机。

1. 指令和程序

指令是为了让计算机完成某个操作而发出的命令。一台计算机所有指令的集合称为该计算机的指令系统，它是计算机的机器语言。

程序是使用者根据解决某一问题的要求，编写的由一些指令有序排列形成的指令序列。

2. 程序的执行过程

计算机运行程序实际上是顺序执行程序中所包含的指令。计算机工作时，CPU 从内存中读取指令后，对程序进行分析译码，判断该条指令要完成的操作，向各部件发出完成该操作的控制信号，当一条指令执行完后自动执行下一条指令，直到执行完所有的指令为止。

总之，计算机的工作就是执行指令，要完成特定的任务就要编写程序。一条指令的功能是有限的，但是编制出的程序能完成的任务却是无限的。

第三节　微型计算机硬件配置

微型计算机（简称微机、PC、个人计算机）是目前应用范围最广的计算机。随着计算机技术的发展，微型计算机的种类也从单一的台式机发展为多种多样形式。常见的有台式机、笔记本电脑、一体机、平板电脑和掌上电脑（包括智能手机）。

从外观上看，一台典型的微机由主机、显示器、键盘、鼠标等部分组成，如图 1－3 所示。

图 1－3　台式机的组成

主机是微机的主体，包括机箱、电源、主板、CPU、内存、硬盘、光驱和各种接口卡等。键盘和鼠标是最基本的输入设备，显示器是微机最基本的输出设备。微机系统还可以配备其他输入设备和输出设备，这些设备统称为外围设备（简称外设）。

（一）机箱

机箱为主机内的各个部件提供安装空间，并通过机箱内的支架、螺丝等将这些部件固定在机箱内部形成主机。在机箱的前面板有电源开关（Power）、复位开关（Reset）、USB 接口、音频输入和输出接口、指示灯等，机箱内部一般配备散热风扇，以降低微机各部件的工作温度。

（二）电源

电源（图 1-4）是主机内各部件的供电设备，它是将 220 V 交流电转换为 ±12 V、±5 V 和 3.5 V 直流电。其性能好坏，直接影响到整个微机工作的稳定性。随着硬件的不断更新和升级，对电源的功率要求也越来越高。目前的微机电源功率一般为 300 W 以上。

图 1-4　电源

（三）主板

主板又称主机板，是安装在机箱内最大的一块电路板，它是微机最基本的部件之一，其结构如图 1-5 所示。在主板上集成了控制芯片组、BIOS 芯片、CPU 插座、内存条插槽、总线扩展槽、面板控制开关和各种外设接口等。微型机正是通过主板将 CPU、内存、硬盘、显示卡、声卡、网卡、键盘和鼠标等部件连接成一个整体并协调工作的。随着主板集成度的提高，很多主板还集成了显示卡、声卡、网卡等，使整个系统稳定性进一步提高。

图 1-5　主板

主板上用于连接各种外部设备的接口，称为 I/O 接口。通过 I/O 接口，可以把键盘、鼠标、显示器、打印机等各种外部设备连接到计算机上。主板上常见接口如下：

（1）IDE：并行 ATA 接口，用于连接 IDE 接口的硬盘、光驱。

（2）SATA：串行 ATA 接口，用于连接 SATA 接口的硬盘、光驱，支持热插拔（即带电插拔）。

（3）PS/2：PS/2 键盘和 PS/2 鼠标专用接口。

（4）LPT：并行通信接口，简称并口，连接并口打印机等。

（5）USB：通用串行总线接口。USB 接口是微机中用得最多的接口，主板一般提供有多个 USB 接口，它具有传输速度快、支持热插拔、使用方便、连接灵活、独立供电等优点，可以连接具有该种接口规范的几乎所有外部设备，如键盘、鼠标、打印机、扫描仪、摄像头、U 盘、MP3 机、手机、数码相机、移动硬盘、外置光驱和无线网卡等。

另外,集成有显示卡、声卡、网卡的主板,还提供有显示卡的接口(如 VGA、DVI、HDMI 等)、声卡接口和网卡接口(RJ45),用于连接显示器、话筒、音箱和网线等。

(四)中央处理器

微型计算机的中央处理器(CPU)又称为微处理器,它是整个微机系统的核心,负责计算机的所有运算和控制,微机系统的性能高低主要是由 CPU 决定的。CPU 包括运算器、控制器、寄存器和内部数据通路等构成。寄存器是 CPU 有限存储容量的高速存储单元,分通用寄存器和特殊功能寄存器,用来暂存指令、数据和地址。由于微处理器的性能指标对整个微型机具有重大影响,因此,人们往往用 CPU 的型号作为衡量微型机档次的标准。如图 1-6 为酷睿 i7 八代 CPU 的外观。

图 1-6 CPU 外观

目前,世界上生产微处理器芯片的公司主要有 Intel 公司和 AMD 公司。Intel 主要有奔腾系列、赛扬系列和酷睿的 i3、i5、i7、i9 系列等;AMD 主要有速龙系列、羿龙系列、锐龙系列等。

衡量 CPU 的性能高低主要看以下几个方面:

(1)主频。主频也叫时钟频率,用来表示 CPU 运算和处理数据的速度,主频的单位为千兆赫(GHz)。

(2)核心数。CPU 分为单核和多核。所谓多核 CPU 就是在一个 CPU 中集成了多个运算核心。核心数越多,CPU 的运算能力越强大,其优势主要体现在多任务并行处理上。当前主流 CPU 为多核 CPU,常见的有双核、四核、八核等。

(3)CPU 的缓存容量。CPU 缓存是位于 CPU 与内存之间的临时存储器,它的容量比内存小得多但是交换速度却比内存快得多,缓存大小直接影响 CPU 的性能。CPU 缓存分为一级缓存(L1)、二级缓存(L2)、三级缓存(L3)。

(4)处理器位数。CPU 在单位时间内能一次处理的二进制的位数叫字长。字长越长,计算机处理数据的速度就越快,精度也越高。早期的 CPU 为 8 位、16 位、32 位,当前主流 CPU 多为 64 位。

(五)存储器

1. 内存储器

微机中的存储器主要存储计算机运行时所需的程序和资料。内存储器包括寄存器、高速缓冲存储器(Cache)和内存条(图 1-7)。寄存器在 CPU 内暂存指令、数据和地址。高速缓冲存储器是 CPU 的缓存,起临时存储作用。内存条容量较大,是计算机的主要存储部件,它插在主板的内存插槽上,容量大小用户可以根据需要选择。显示卡也有显示内存,集成在主板上的显示卡,显示内存一般共享内存条的内存。

另外,主板上的 BIOS 芯片和 CMOS 存储器也属于内存储器。BIOS 包含诊断程序和一些实用程序,由它们来完成系统与外设之间的输入输出工作。CMOS 用来存储 BIOS 中的一些系统设置或配置信息。

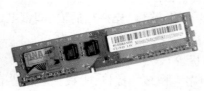

台式机内存条   笔记本电脑内存条

图 1-7 内存条

2. 外存储器

外存储器又称辅助存储器,是组成外部设备的一部分,主要用于保存当前不使用的程序和资料。外存储器主要有硬盘、U 盘和光盘等,如图 1 - 8 所示为常用的外存储器。

(1)硬盘。硬盘是计算机的大容量外部存储设备,一般安装在主机箱中(移动硬盘除外)。一般情况下,安装的软件(如操作系统、应用软件等)和数据文档(如输入的文章、绘制的图画等)都保存在硬盘中。目前,硬盘有固态硬盘(SSD)、机械硬盘(HDD)和混合硬盘。SSD 采用闪存颗粒来存储,HDD 采用磁性盘片来存储,混合硬盘是把磁性硬盘和闪存集成到一起的一种硬盘。硬盘的容量一般为几百 GB 到几 TB,转速有 5 400 转、7 200 转等。硬盘具有存储量大、使用寿命长、存取数据速度快等特点。

(2)光盘。光盘是利用激光原理在特殊介质上读、写数据,它分为不可擦写光盘(如 CD - ROM、DVD - ROM 等)和可擦写光盘(如 CD - RW、DVD - RAM 等),光盘需放在光盘驱动器中才能使用。CD 光盘的最大容量大约是 700 MB,DVD 光盘的单面容量大约是 4.7 GB,近年来发展的蓝光光盘(BD)单面单层容量可达 25 GB。

(3)U 盘。U 盘又称优盘,它是用闪存芯片来保存数据的,优点是速度快、存储量大(从几 GB 到几百GB)、寿命长、便于携带,直接插入主机的 USB 接口就可使用。

(4)移动硬盘。移动硬盘是以硬盘为存储介质,强调便携性的外存储产品,大部分移动硬盘是由笔记本硬盘装入移动硬盘盒构成的。

光盘　　　　　　　　　　U盘　　　　　　　　　　移动硬盘

图 1 - 8　常用外存储器

(六)输入设备

在计算机系统中,能将信息送入计算机中的设备称为输入设备(图 1 - 9)。

1. 键盘

键盘是计算机最基本的输入设备,用户编写的程序和运行时所需要的数据以及各种操作命令都是由键盘输入的。目前,微机常用的键盘根据按键数量有 101 键、102 键和 104 键等。

2. 鼠标

鼠标是微机操作的必备输入设备。鼠标分为机械鼠标和光电鼠标,目前大多为光电鼠标。鼠标上一般有两个按键,中间有一个滚轮。

此外,输入设备还包括手写笔、摄像头、话筒、图形扫描仪、条形码扫描仪、数码相机和触摸屏等。

 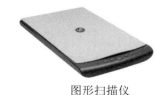

键盘　　　　　　　　　　鼠标　　　　　　　　　　图形扫描仪

图 1 - 9　输入设备

(七) 输出设备

输出设备是计算机系统中用来输出运算结果和加工处理后的信息的设备。常用的输出设备有显示器、投影仪、打印机和音箱等。

1. 显示器

显示器是微机不可缺少的输出设备,它可将输入微机的信息和处理的结果显示出来。根据显示方式的不同,显示器分为 CRT(阴极射线显像管)显示器和平板显示器两大类,平板显示器又分为 LCD(液晶显示器)和 LED(发光二极管显示器),如图 1 – 10 所示为常用显示设备。显示器的接口一般有 VGA、DVI、HDMI 和 DisplayPort 等。

CRT显示器　　　　　　　　　　液晶显示器

图 1 – 10　显示设备

2. 打印机

通过打印机,计算机可将信息处理的结果打印在纸上。常用的打印机有三种类型,分别是针式打印机、喷墨打印机和激光打印机,如图 1 – 11 所示。

针式打印机是通过驱动打印针撞击色带进行打印,打印速度慢,效果差,主要用于打印一式多联的票据。

激光打印机采用静电复印过程,速度快,效果好,主要用于办公自动化的打印材料。激光打印机加上扫描复印功能,称为复印打印一体机。

喷墨打印机是利用墨盒的喷嘴将墨点喷射到纸上进行打印,利用彩色墨盒可以打印各种色彩的图像,打印在相纸上可形成高质量的照片。

针式打印　　　　　　激光打印机　　　　　　喷墨打印机

图 1 – 11　　打印机

第四节　计算机中数据的表示

计算机是由电子元件构成的,电子元件工作时大都有两种稳定的状态,如晶体管的导通和截止、电容的充电和放电等,这两种状态可以用 0 和 1 来表示,所以计算机真正能识别的是二进制。用二进制代码表示并能被计算机直接识别和执行的一种机器指令的集合,称为机器语言。

计算机内所存储的内容(如文字、图像、声音、视频等)都是用二进制编码形式表示的。计算机所表示和使用的数据可分为两大类:数值数据和字符数据。数值数据用以表示量的大小、正负,如整数、小数等;字符数据又叫非数值数据,用以表示一些符号、标记,如英文大小写字母、数字 0 ~ 9、各种专用符号如 +、-、*、√、( )及标点符号等。汉字、图形、声音等也属非数值数据。

一、数制的概念

用一组固定的数字和一套统一的规则来表示数值的方法就叫作"数制",也称为"计数制"。

数制的种类很多。除了十进制数(逢 10 进 1),还有二进制数(逢 2 进 1)、八进制数(逢 8 进 1)、十六进制数(逢 16 进 1)、六十进制(逢 60 进 1,如时间)等。

(一)十进制数

人类习惯使用的是十进制数,即一个数用 0 ~ 9 十个阿拉伯数字组合来表示,其特点是"逢 10 进 1"。任何一个十进制数均可将其按各位数字分解来表示。例如:

$$2\,685 = 5 \times 10^0 + 8 \times 10^1 + 6 \times 10^2 + 2 \times 10^3$$

(二)二进制数

计算机内部使用二进制数,即一个数用 0 和 1 两个阿拉伯数字组合来表示,其特点是"逢 2 进 1"。任何一个二进制数也可将其按各位数字分解来表示。在表示一个进制数时,一般将它用圆括号括起来,并用相应的数字做下标(十进制可省略)。例如:

$$(1001100)_2 = 0 \times 2^0 + 0 \times 2^1 + 1 \times 2^2 + 1 \times 2^3 + 0 \times 2^4 + 0 \times 2^5 + 1 \times 2^6$$

二进制"逢 2 进 1",便于进行算术运算和逻辑运算,硬件上也容易实现。

通过用二进制对各种类型数据进行编码,便于将图、文、声、数字等合为一体,形成丰富多彩的信息内容。输入计算机中的各种数据都要进行二进制编码的转换,同样,从计算机输出的数据也要进行逆向的转换。

(三)其他进制数

1. 八进制数

八进制数用阿拉伯数字 0 ~ 7 共 8 个阿拉伯数字的组合来表示,其特点是"逢 8 进 1"。任何一个八进制数也都可将其按各位数字分解来表示。例如:

$$(3701)_8 = 1 \times 8^0 + 0 \times 8^1 + 7 \times 8^2 + 3 \times 8^3$$

2. 十六进制数

十六进制数用阿拉伯数字 0 ~ 9 和英文字母 A ~ F 共 16 个字符的组合来表示,A - F 分别对应十进制数 10 ~ 15,其特点是"逢 16 进 1"。任何一个十六进制数也可将其按各位数字分解来表示。例如:

$$(9F0C)_{16} = 12 \times 16^0 + 0 \times 16^1 + 15 \times 16^2 + 9 \times 16^3$$

由于八进制 1 位可以对应 3 位二进制数字,十六进制 1 位可以对应 4 位二进制数字,通常在描述计算机数据编码时用八进制和十六进制来表示二进制。

二、不同进制数之间的转换

(一)二进制整数转换成十进制数

将一个二进制整数转换为十进制数时,可按"各位数字按数位展开求和"进行转换,即把二进制数的各位数字分解表示成十进制数,然后求出各数位对应的十进制数的和。

如:将二进制数 $(1001100)_2$ 转换为十进制数。

$$(1001100)_2 = 0 \times 2^0 + 0 \times 2^1 + 1 \times 2^2 + 1 \times 2^3 + 0 \times 2^4 + 0 \times 2^5 + 1 \times 2^6$$
$$= 0 + 0 + 4 + 8 + 0 + 0 + 64$$
$$= 76$$

(二)将十进制整数转换为二进制数

将一个十进制整数转换为二进制数,可用十进制整数不断除以 2,直到商为 0 或不能再继续整除为止,每次相除所得的余数由低位到高位为对应的二进制数各数位的值。

例:求 105 对应的二进制数。

$$
\begin{array}{r|l l}
 & & \text{余数} \\
2 & 105 & \cdots\cdots 1 & \text{高位} \\
2 & 52 & \cdots\cdots 0 \\
2 & 26 & \cdots\cdots 0 \\
2 & 13 & \cdots\cdots 1 \\
2 & 6 & \cdots\cdots 0 \\
2 & 3 & \cdots\cdots 1 \\
 & 1 & \cdots\cdots 1 & \text{低位}
\end{array}
$$

于是得到: $105 = (1101001)_2$

(三)二进制整数和八进制整数之间的转换

二进制整数转换成八进制数的方法是把二进制整数从右往左,将每三位数字分成一组,把每组数转换成八进制数码即得到结果。

例:将二进制数 $(10101111001)_2$ 转换成八进制数。

分　组:10　101　111　001

对应值:2　5　7　1

结果为: $(10101111001)_2 = (2571)_8$

相反,八进制整数转换成二进制整数,只需将每位八进制数写成二进制数即完成转换。

例:将八进制数 2571 转换成二进制数。

分　组:2　5　7　1

对应值:10　101　111　001

即 $(2571)_8 = (10101111001)_2$

(四)二进制整数和十六进制整数之间的转换

二进制整数转换成十六进制数的方法是把二进制整数从右往左,将每四位数字分成一组,把每组数转换成十六进制数码即得到结果。

例:将二进制数 $(10101101111)_2$ 转换成十六进制数。

分　组:　101　0110　1111

对应值:　5　6　F

即 $(10101101111)_2 = (56F)_8$

相反,十六进制整数转换成二进制整数,只需将每位十六进制数写成二进制数即完成转换。

例:将十六进制数 56F 转换成二进制数。

分　组:　5　6　F

对应值:　101　0110　1111

即 $(56F)_8 = (10101101111)_2$

三、数据信息的编码

计算机最主要的功能是处理数值、文字、声音、图形和图像等各种形式的信息。不同的信息只有通过二进制编码后,计算机才能够进行识别和处理。下面介绍最基本的 ASCII 码和汉字编码的一些基础知识。

(一)ASCII 码

ASCII 码是"美国信息交换标准代码"的简称,是目前国际上最为流行的字符信息编码方案,如表 1－1 所示。

表 1 – 1 ASCII 码表

$b_3b_2b_1b_0$ \ $b_6b_5b_4$	000	001	010	011	100	101	110	111
0000	NUL	DLE	space	0	@	P	`	p
0001	SOH	DC1	!	1	A	Q	a	q
0010	STX	DC2	"	2	B	R	b	r
0011	ETX	DC3	#	3	C	S	c	s
0100	EOT	DC4	$	4	D	T	d	t
0101	ENQ	NAK	%	5	E	U	e	u
0110	ACK	SYN	&	6	F	V	f	v
0111	BEL	ETB	'	7	G	W	g	w
1000	BS	CAN	(	8	H	X	h	x
1001	HT	EM	)	9	I	Y	i	y
1010	LF	SUB	*	:	J	Z	j	z
1011	VT	ESC	+	;	K	[	k	{
1100	FF	FS	,	<	L	\	l	|
1101	CR	GS	–	=	M	]	m	}
1110	SO	RS	.	>	N	^	n	~
1111	SI	US	/	?	O	–	o	DEL

ASCII 码的编码规则是：ASCII 码是 7 位码，即每个字符用 7 位二进制数（$b_6b_5b_4b_3b_2b_1b_0$）来表示，共有 $2^7 = 128$ 个字符，包括 0~9 共 10 个数字,52 个大小写英文字母、66 个标点与运算符号及控制符号（如删除、换行等）。相应的 ASCII 码的十进制值为 0~127。一个字符的 ASCII 码用七位二进制数编码组成，通常占一个字节，如大写字母"A"的 ASCII 码值为 $(01000001)_2 = 65$,小写字母"z"的 ASCII 码值为 $(01111010)_2 = 122$。

7 位 ASCII 码称为基本 ASCII 码，由于一个字节占 8 位，后来增加了 8 位编码的 128 个特殊符号字符、西欧字母和图形符号，称为扩展 ASCII 码,相应的扩展 ASCII 码的十进制值为 128~255。两组 ASCII 码字符集共有 $2^8 = 256$ 个不同的字符。

(二)汉字编码

汉字在计算机内也只能采用二进制的数字化信息编码。汉字的数量大,常用的就有几千个,显然用一个字节表示是不够的。目前使用的是我国 1981 年颁布的国家标准《信息交换用汉字编码字符集——基本集》（GB2312 – 80 标准）,简称国标码。

国标码是二字节码,用两个 7 位二进制编码表示一个汉字。

目前国标码收入 6763 个汉字,其中一级汉字(常用)3755 个,二级汉字 3008 个,另外还包括 682 个西文字符、图符等。

在计算机内部,汉字编码和西文编码是共存的,为了便于识别和处理不同的信息,通常将国标码的两个字节最高位都改为 1,从而形成计算机能够识别的汉字编码,也称为汉字的机内码。

第五节　键盘和鼠标的使用

一、键盘

（一）键盘简介

常用的键盘有 101 键盘和 104 键盘。用户可以通过敲击键盘上的各个按键向计算机输入需要处理的信息。当按下键盘的一个键时，就产生与该键对应的二进制代码，并通过接口送入计算机，计算机同时将该按键代表的字符显示在屏幕上。

键盘通常包括数字键、字母键、符号键、功能键和控制键等，并分放在不同的区域内。目前，使用最多的是 104 键盘，如图 1 – 12 所示。它有 104 个键，分为四个区：主键盘区、功能键盘区、编辑键盘区和小键盘区。

图 1 – 12　104 键盘图

1. 主键盘区

主键盘区位于键盘中部，包括 26 个英文字母、数字、常用符号和一些专用控制键。具体功能如下：

Shift（上档键）、Ctrl（控制键）和 Alt（转换键）：它们左右各有一个，通常左右功能一样。它们一般与其他键配合组成组合键使用，书写时中间用"＋"号相连，使用时先按住其中某一个 Alt 键、Ctrl 键或 Shift 键，再按其他键，然后同时松开。如：在 Windows 系统下，按"Alt ＋ F4"组合键，表示退出当前程序；按"Ctrl ＋空格"组合键表示在中/英文输入法之间切换。

Caps Lock（大写锁定键）：这是一个开关键。按一次该键，Caps Lock 指示灯在亮和不亮之间切换。Caps Lock 指示灯不亮，输入的字母全部是小写字母；Caps Lock 指示灯亮，则输入的字母全部为大写字母。

Enter（回车键）：主要用于确认执行某一操作，在文本输入时用于换行。如键入一条命令后，按"Enter"键，则执行键入的命令。

空格键：最长的一个按键，按一次该键，光标向右移动一个空格。

Tab（制表键）：按一次，光标就跳过若干列，跳过的列数通常可预先设定。

←（退格键）：按一次，光标向左移一列，同时删除该位置上的字符。编辑文本时可用它删除多余字符。

字母键：共 26 个。根据 Caps Lock 指示灯的状态，可直接输入英文大小写字母。"Shift ＋ 字母"组合键，则表示输入的字母与当前 Caps Lock 指示灯的状态相反。

数字键：共 10 个。

符号键：共有 32 个符号，分布在 21 个键上。当一个键上有两个字符时，下方的字符可直接键入，上方的字符需要先按住 Shift 键才能键入。如"Shift ＋ 8"组合键，表示输入数字键"8"上面的星号"＊"。

104 键盘（又称 Windows 键盘）是在 101 标准键盘的基础上，在主键盘区增加了 3 个专用键。其功能如下：

"Windows"键:也叫"开始"菜单键,键上标有"视窗"图标,在空格键左右两侧各有一个。按它可以打开 Windows 开始菜单。"Windows"键与其他键可以组合成快捷键,如"Windows + E"组合键,可以快速打开"计算机"窗口。

"快捷菜单"键:键上标有"快捷菜单"图标,在空格键右侧。按它可打开光标所指对象的快捷菜单。

2. 功能键盘区

该区放置了 F1 ~ F12 共 12 个功能键和 Esc 键,功能键一般需软件预先定义。具体介绍如下:

Esc(退出键):通常用于退出某种环境或状态。如:在 Windows 系统下,按 Esc 键可取消打开的下拉菜单。

功能键 F1 ~ F12:共 12 个。通常将常用的命令设置在功能键上,按某功能键就可执行相应的命令,从而简化操作。如在 Windows 下,按 F1 键可查看选定对象的帮助信息,按 F10 键可激活菜单栏。各个功能键在不同的软件中所定义的功能不一定相同。

Print Screen(打印屏幕键):用于复制屏幕上的内容。如在 Windows 系统下,按组合键"Alt + Print Screen"可将当前活动的窗口复制到剪贴板中。

3. 编辑键盘区

Insert(插入键):按它可以在"插入"和"改写"状态之间切换。

Delete(删除键):删除光标所在位置的字符。

Home(行首键):光标移动到行首。

End(行尾键):光标移动到行尾。

Page Up(向上翻页键):显示上一屏。

Page Down(向下翻页键):显示下一屏。

↑、↓、←和→(光标移动键):光标向相应的方向移动一行或一列。

4. 小键盘区

小键盘区也叫数字键盘区,位于键盘右端。其左上角有一个 Num Lock(数字锁定)键,它是一个开关式按键,按一下,Num Lock 指示灯亮,代表可输入键上的数字;再按一下它,Num Lock 指示灯熄灭,则代表键上的下排符号,和编辑键区功能相同。

除 101、104 键盘外,还有各种形式的多媒体键盘和专用键盘等。如银行计算机管理系统中供储户用的键盘,键的数量不多,只是为了输入储户的密码和选择操作之用。专用键盘的主要优点是简单,即使没有受过训练的人也会使用。

(二)键盘的使用

键盘通常用于输入字符,也可以进行命令的选择和程序的启动等操作。在 Windows 中,许多命令和操作都有相应的键盘快捷键,用于快速调用命令或启动应用程序。虽然大部分操作是用鼠标完成的,但有时用键盘操作更为快捷、方便。

1. 打字的正确姿势

打字时首先要有正确的姿势,只有这样才能做到准确快速地输入而又不会容易疲劳。正确的打字姿势是:保持坐姿端正,腰背挺直,两脚平放,桌、椅间的距离以手指能轻放在基准键位为准。调整椅子的高度,使得前臂与键盘的高度在同一水平面上,前臂与后臂所成角度约为 90 度,手指自然弯曲呈弧形。

2. 基本键位及指法

正确的指法是提高录入速度的关键。正确的指法要求如下:

键盘上的"A""S""D""F""J""K""L"";"八个键称为基准键位。在操作键盘前,两手除大拇指外的八个手指轻放在八个基准键位上,拇指轻置于空格键上。十指的分工要明确,各手指的分工如图 1 – 13 所示。

图 1 – 13   键盘指法分区示意图

3. 击键方法

击键时以指端垂直向键盘使用冲击力,该手的其他手指要一起运动,击键后立即返回基准键位,力求击键迅速,有节奏感。用拇指侧面击空格键,右手小指击"Enter"键。组合键的输入要双手配合,以一只手的小指按住"Shift""Ctrl"或"Alt"键,另一只手击字母键或功能键。

二、鼠标

鼠标是计算机最常用的设备,它体积小、操作方便、控制灵活。正确操作鼠标的方法是:食指和中指自然地放置在鼠标的左键和右键上,拇指横向放在鼠标左侧,无名指和小拇指放在鼠标右侧,拇指与无名指及小指轻轻握住鼠标;手掌心轻轻贴住鼠标后部;手腕自然垂放在桌面上,需要时带动鼠标做平面运动。

在 Windows 中,鼠标的基本操作包括以下几种:

单击:快速按下并释放鼠标左键。它可以执行一个操作,或选择一个对象,或取消其他对象的选择。可与其他键配合使用,如在按住"Shift"键的同时单击鼠标左键,可选择相邻的多个对象;在按住"Ctrl"键的同时单击鼠标左键,可选择任意多个对象。

双击:快速连续地执行两次单击操作。用于选择一个对象并执行一个命令,或执行一个已选中的程序。

右击:快速按下并释放鼠标右键,通常用于调出所选对象的快捷菜单。所谓快捷菜单,就是在鼠标右键单击对象时出现的菜单,通常这个菜单中列出的选项是所选对象最常用的命令。

拖放:拖放是将一个对象从一个位置移动到另一个位置。拖放的具体操作步骤如下:①将鼠标指针指向要拖动的对象;②按住鼠标左键不放,同时移动鼠标,在移动的过程中,可以看到屏幕上所拖动的对象也在移动;③将拖动对象移动到目标位置后,松开鼠标左键。

鼠标指针是屏幕上随着鼠标的移动而移动的光标,通常为箭头形状。鼠标指针的形状会根据它所处的位置和所使用的应用程序以及应用程序的当前状态而变化。

第六节   多媒体技术

一、多媒体的基本概念

多媒体技术是指通过计算机来获取、处理、存储和表现文本、图形、图像、动画、音频、视频等多种媒体的一种综合性技术。

多媒体技术利用计算机把文本、图形、图像、动画、音频及视频等媒体信息数字化,并将其整合在特定的交互式界面上,使计算机具有交互展示不同媒体形态的能力。它极大地改变了人们获取信息的方法,符合人们在信息时代的阅读方式。多媒体技术的发展改变了计算机的使用领域,使计算机变成了信息社会的普通工具,广泛应用于工业生产管理、学校教育、公共信息咨询、商业广告,甚至家庭生活与娱乐等领域。

二、多媒体的信息的类型

(1)文本。文本是以文字、数字和各种专用符号表达的信息形式。用文本表达信息给人充分的想象空间,它主要用于对知识的描述性表示,如阐述概念、定义、原理和问题以及显示标题、菜单等内容。

(2)图形。图形一般指用计算机绘制的画面,如直线、圆、圆弧、矩形、任意曲线和图表等。在图形文件中只记录生成图形的算法和图上的某些特征,因此也称为矢量图。

(3)图像。图像指通过扫描仪、数码相机等输入设备捕捉的实际场景画面或以数字形式存储的任意画面。

(4)动画。动画是利用人的视觉暂留特性,快速播放一系列连续运动变化的图形图像,包括画面的缩放、旋转、变换、淡入淡出等特殊效果。通过动画可以把抽象的内容形象化,使许多难以理解的现象变得生动有趣。

(5)音频。包括话语、音乐及各种动物和自然界(如风、雨、雷等)发出的各种声音,加入音乐和解说可使文字和画面更加生动。在计算机中音频处理技术包括声音信号的采样、数字化、压缩和解压缩播放等。

(6)视频。视频是由一幅幅单独的图像序列(帧)组成,当这些连续的图像变化每秒超过24帧画面以上时,根据人的视觉暂留现象,产生平滑连续的视觉效果。视频有声有色,在多媒体中充当重要的角色。

三、多媒体的特征

多媒体技术除信息载体的多样化以外,还具有以下主要特征。

1. 集成性

采用了数字信号,可以综合处理文本、图形、图像、动画、音频、视频等多种信息,并将这些不同类型的信息有机地结合在一起。

2. 交互性

信息以超媒体结构进行组织,可以方便地实现人机交互。换言之,人们可以按照自己的思维习惯,按照自己的意愿主动地选择和接受信息,拟定观看内容的路径。

3. 实时性

记录和反映事物的现场场景,声音、动态图像(视频)随着时间的变化而变化。

4. 智能性

提供了易于操作、十分友好的界面,使计算机更直观、方便和人性化。

5. 易扩展性

可方便地与各种外部设备连接,实现数据交换、监视控制等多种功能。此外,采用数字化信息有效地解决了数据在处理传输过程中的失真问题。

四、多媒体计算机系统

多媒体计算机系统不是单一的技术,而是多种信息技术的集成,是把多种技术综合应用到一个计算机系统中,实现信息输入、信息处理、信息输出等多种功能。

一个完整的多媒体计算机系统由多媒体计算机硬件和多媒体计算机软件两部分组成,目前大多数计算机都属于多媒体计算机。

(一)多媒体计算机的硬件

多媒体计算机的硬件系统主要有主机、视频部分、音频部分、基本输入/输出设备、高级多媒体设备等五个部分组成。

1. 主机

主机是多媒体计算机的核心,可以是大型计算机,也可以是工作站,用得最多的是微型计算机。

2. 音频部分

音频部分主要完成信号的转换以及数字音频的压缩、解压缩和播放等功能,主要包括声卡、外接音箱、话筒、耳机和 MIDI 设备等。

3. 视频部分

视频部分负责多媒体计算机图像和视频信息的数字化摄取和回放,它主要包括视频卡、电视卡和加速显示卡等。

4. 基本输入/输出设备

多媒体输入/输出设备有很多,按功能可分为视频/音频输入设备、视频/音频输出设备、人机交互设备和数据存储设备。

5. 高级多媒体设备

随着科学技术的进步,出现了一些新的输入/输出设备。如用于传输手势信息的数据手套、用于虚拟现实的数字头盔和立体眼镜等。

(二)多媒体计算机软件系统

多媒体计算机软件按功能可分为系统软件和应用软件。

1. 系统软件

系统软件是多媒体系统的核心,各种多媒体软件要运行在多媒体操作系统平台之上,因此操作系统平台是软件的基础,Windows 操作系统就是一种最常用的多媒体操作系统。多媒体计算机系统的主要系统软件有:多媒体操作系统、多媒体驱动程序、多媒体素材制作工具及多媒体库函数和多媒体创作工具等。

2. 应用软件

多媒体应用软件是在多媒体创作平台上设计开发的面向应用的软件系统。在多媒体应用系统开发设计过程中,不仅利用计算机技术将文字、声音、图形图像、动画、视频等有机地融合在一起,而且还要有创意,使其更加具有人性化和自然化。

五、多媒体的应用领域

多媒体技术的应用领域非常广泛,几乎遍布各行各业以及人们生活的各个角落。由于多媒体信息具有直观、信息量大、易于接受和传播等显著特点,因此多媒体应用领域的拓展十分迅速。随着互联网的发展,多媒体技术在网络上的应用有着广泛的前景。目前,多媒体技术主要应用在以下几个方面:

(1)教育。电子教案、形象教学、模拟交互过程、网络多媒体教学、仿真工艺过程。

(2)商业广告。影视商业广告、公共招贴广告、大型显示屏广告、平面印刷广告。

(3)影视娱乐业。电视/电影/卡通混编特技、MTV 特技制作、三维成像模拟、仿真游戏。

(4)医疗。网络远程诊断、网络远程操作(手术)。

(5)旅游。风光重现、风土人情介绍、服务项目。

(6)人工智能模拟(生物、人类智能模拟)。生物形态模拟、生物智能模拟、人类行为智能模拟。

习题一

一、填空题

1. 世界上第一台电子计算机诞生于＿＿＿＿＿＿＿＿＿年,名为＿＿＿＿＿＿＿＿＿＿。

2. 第一代计算机的主要元件是＿＿＿＿＿＿＿＿＿＿。

3. 计算机不仅用于科学计算,还可用于＿＿＿＿＿＿＿、＿＿＿＿＿＿＿、＿＿＿＿＿＿＿、＿＿＿＿＿＿＿、＿＿＿＿＿＿＿、＿＿＿＿＿＿＿和＿＿＿＿＿＿＿等领域。

4.一个完整的计算机系统通常应包括_____和_____。计算机的存储系统通常包括_____和_____。

5.计算机常用的输入设备主要有_____和_____;存储器的主要功能是存放_____和_____。

6.常用的打印机有_____、_____和_____三种类型。

7.十六进制 F 所对应的二进制数是_____。

8.多媒体技术除信息载体的多样化以外,还具有_____、_____、_____和_____等特征。

二、选择题

1.计算机的软件系统由(　　)两大部分组成。

A.系统软件和应用软件　　　　　　B.程序和数据

C.操作系统和计算机语言　　　　　D.Windows 系统和应用程序

2.目前,制造计算机所采用的主要电子元件是(　　)。

A.晶体管　　　　　　　　　　　　B.集成电路

C.大规模集成电路　　　　　　　　D.大规模和超大规模集成电路

3.计算机中数据的表示形式是(　　)。

A.八进制　　　　B.十进制　　　　C.二进制　　　　D.十六进制

4.将十进制数 100 转换成二进制数是(　　)。

A.1100100　　　B.1100110　　　C.1101000　　　D.1100010

5.下列说法正确的是(　　)。

A.操作系统是一种很重要的应用软件

B.外存储器中的数据可直接被 CPU 处理

C.键盘是输入设备,显示器是输出设备

D.计算机中使用的汉字编码和 ASCII 码是一样的

6.微机中 1 KB 的字节数是(　　)。

A.1 000　　　　B.8×1 000　　　C.1 024　　　　D.8×1 024

7.在计算机操作过程中,遇到突然断电,则其中存储的信息会丢失的是(　　)。

A.RAM　　　　B.ROM　　　　C.硬盘　　　　D.U 盘

8.下列设备中,既能向主机输入数据,又能接收主机输出数据的设备是(　　)。

A.键盘　　　　B.打印机　　　　C.U 盘　　　　D.显示器

9.运算器的主要功能是(　　)。

A.分析指令并进行译码　　　　　　B.保存各种指令信息供系统其他部件使用

C.实现算术运算和逻辑运算　　　　D.计算程序完成需要的时间

10.计算机能够直接识别和执行的只有(　　)。

A.符号语言　　　B.汇编语言　　　C.机器语言　　　D.高级语言

三、简答题

1.简述计算机的发展史。

2.简述计算机中的字节和字长的含义。

3.计算机为什么采用二进制?二进制数和十进制数之间如何转换?

4.简述计算机的工作原理。

四、上机操作题

1.认识计算机硬件系统的各部分,了解各部分的功能。

2.学会正确的打开和关闭计算机。

3.键盘指法练习和鼠标操作练习。

第二章　Windows 7 操作系统

【本章要点】
(1)Windows 7 的基础知识。
(2)文件与文件夹的管理。
(3)磁盘的管理和维护。
(4)系统设置。
(5)常用附件的使用。

　　20 世纪 80 年代以后,个人计算机所用的操作系统主要是美国 Microsoft(微软)公司的 MS – DOS 操作系统,后来出现了 DOS 环境下运行的 Windows 系统,1995 年微软公司推出了新一代操作系统 Windows95,从此进入了全新的图形操作环境。此后微软公司又相继推出了 Windows 98、Windows ME、Windows 2000、Windows XP、Windows Vista、Windows7、Windows8、Windows10 等版本。无论哪个版本的操作系统,其基本功能是一致的,都是用来控制、管理和分配计算机系统资源的。本章以目前广泛应用的中文版 Windows7 操作系统为例进行介绍,为计算机的操作和应用打下基础,并学会对计算机进行管理和维护。

第一节　Windows 7 基础知识

　　Windows7 是微软公司于 2009 年 10 月 22 日正式发布的操作系统版本,可供家庭及商业工作环境使用,如笔记本电脑、平板电脑、多媒体中心等。Windows 7 是微软操作系统一次重大的革命创新,在功能、安全性、个性化、可操作性、功耗等方面都有很大的改进。Windows7 提供了家庭版、专业版和旗舰版等多个级别的产品,此外,Windows 7 还分为 32 位和 64 位两种类型。本节主要介绍 Windows 7 的常用功能和基本操作。

一、Windows7 的启动与退出

1. Windows7 的启动

对于安装好 Windows 7 操作系统的计算机,按下主机电源开关“Power”,计算机会在自检完成后自动启动 Windows 7。

Windows 7 是一个支持多任务、多用户的微机操作系统。如果用户设置了多个帐户或为帐户设置了密码,则启动时需要选择用户名和输入相应的密码后,才可进入 Windows 7 系统。

2. Windows7 的退出

通过“开始”菜单可以关闭计算机。操作方法是:单击“开始”按钮,在弹出的菜单中单击“关机”按钮,如图 2 – 1 所示,则计算机会自动退出系统并切断主机电源。关机操作会关闭所有打开的程序以及 Windows 系统本身,在关机前用户要保存正在编辑的文档,否则可能会导致文档数据丢失。

单击“关机”按钮右侧的 ▷ 按钮,可在弹出的菜单中选择其他操作,如图 2 – 2 所示。具体操作如下:

图2-1 "开始"菜单   图2-2 "关机"按钮后的子菜单

切换用户:可以在不关闭计算机的情况下切换到其他帐户。

注销:"注销"会关闭当前用户运行的所有程序。

锁定:需要重新输入用户密码才能进入桌面。

重新启动:计算机系统会自动退出并重新启动,和关机一样,在重新启动前用户要注意保存正在编辑的文档,防止文档数据丢失。

睡眠:可以在不关闭计算机的情况下,使计算机在低功耗下运行。对处于睡眠状态的计算机,只需按一下键盘任意键或动一下鼠标,即可快速"唤醒"计算机进入到正常工作状态。

注意:不要直接使用断电或复位的方法关闭或重新启动计算机,这样可能会破坏一些没有保存的文件和正在运行的程序,造成下次系统启动时磁盘文件的扫描检查或出现故障。

二、Windows7 的桌面介绍及其操作

Windows 7 启动完成后所显示的屏幕界面称为桌面。桌面主要由桌面背景、图标和任务栏组成,如图2-3 所示。桌面是用户和计算机进行交流的窗口,可用来存放用户常用的程序、文档或它们的快捷方式图标。

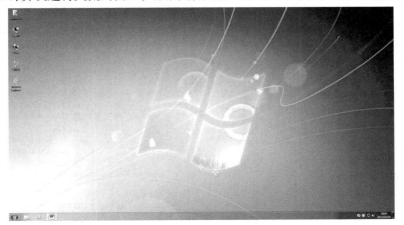

图2-3 Windows 7 的桌面

用户可以设置桌面的背景图片,还可以根据自己的需要在桌面上添加或删除桌面图标,这些图标一般是程序或文档的快捷方式,通过双击快捷方式图标可以打开相应的程序或文档。

如果桌面被打开的程序或文档遮盖了,只需要将鼠标指针移动到屏幕右下角的"显示桌面"按钮上,桌面就会重新显示出来,被打开的程序或文档不会关闭。

（一）桌面图标

Windows 操作系统用不同的图标来代表计算机的各种不同对象，并在图标的下面加上说明文字。在 Windows 中，文档、应用程序、文件夹、驱动器、打印机等都用一个形象化的图标表示。

Windows 7 的桌面图标主要有系统图标和快捷方式图标。常用的图标主要有以下几个：

（1）用户文档。用户在 Windows7 系统中存放文档的默认文件夹，用于保存用户的各种资料。

（2）计算机。该图标用于管理计算机资源，进行磁盘、文件和文件夹的各种操作，用户还可以在其中查看磁盘容量和文件大小。

（3）网络。可以查看和访问连接到网络上的其他计算机和设备。

（4）回收站。用来存放已经删除的文件或文件夹，回收站中的文件或文件夹可以恢复，也可以删除，删除后则不易恢复。

用户可以把经常使用的程序和文档放在桌面上或在桌面上为它们建立快捷方式图标。快捷方式图标左下角带有一个小箭头，表明它与某个对象（程序、文件或网站等）相链接，双击该图标可以打开它所链接的对象，而删除该图标不会删除到它所链接的对象。

用鼠标左键单击某一个图标，该图标及其下面的说明文字背景发生改变，表示该图标被选中。双击应用程序图标，可以启动一个应用程序，并打开相应的程序窗口。

1. 创建桌面图标

用户可以把经常使用的程序或文档的快捷方式图标放在桌面上，以后在使用时直接在桌面上双击即可快速启动该程序或文档。创建桌面快捷方式图标一般有三种方法：

（1）安装应用程序时自动创建。

（2）鼠标指向要创建快捷方式的程序或文档，单击右键，在弹出的快捷菜单中选择"发送到"子菜单下的"桌面快捷方式"命令，如图 2 - 4 所示。

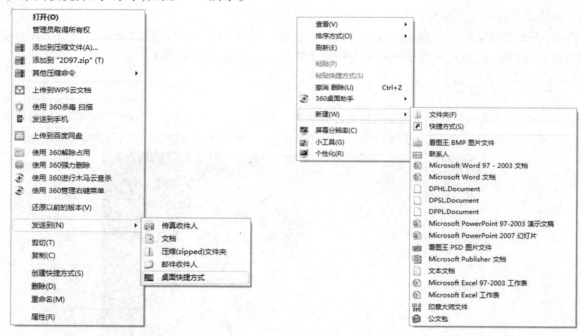

图 2 - 4   创建桌面快捷方式   图 2 - 5   选择"新建"命令

（3）在桌面的空白处单击鼠标右键，在弹出的快捷菜单中选择"新建"子菜单中的"快捷方式"命令，如图 2 - 5 所示，再在弹出的对话框中设置需要创建快捷方式的程序、文档等对象。

2. 图标的排列

用户可以随意移动图标在桌面上的位置。要对桌面上的图标进行位置调整，可在桌面空白处单击鼠标右键，在弹出的快捷菜单中根据需要选择"排序方式"子菜单中的选项，如图 2 - 6 所示。

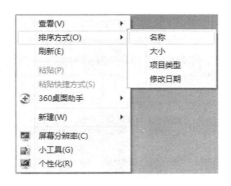

图2-6 排列图标

3. 图标的重命名

若要为图标重新命名,在该图标上单击鼠标右键,在弹出的菜单中选择"重命名"命令,如图2-7所示。执行该命令后,图标的说明文字部分被选中并进入改写状态,输入新的名字后按回车键即可。

图2-7 选择"重命名"命令

4. 图标的删除

桌面上的图标除系统图标和快捷方式图标外,也可以放置一些文件夹或文件。删除方法是选择要删除的图标后按键盘"Delete"键,或在要删除的图标上单击鼠标右键,从弹出的快捷菜单中选择"删除"命令,出现确认删除对话框,如图2-8所示,单击"否",则取消删除操作,单击"是"则该对象被删除并放入到回收站中,若为系统图标则直接删除。

图2-8 确认删除对话框

(二)桌面个性化设置

Windows7系统可以通过更改计算机主题、颜色、声音、桌面背景、屏幕保护程序、字体大小和帐户图片等来对计算机进行个性化设置。

　　如果要进行个性化设置,可以在桌面上的空白处单击鼠标右键,在弹出的快捷菜单中选择"个性化"命令,打开个性化窗口,如图 2－9 所示。

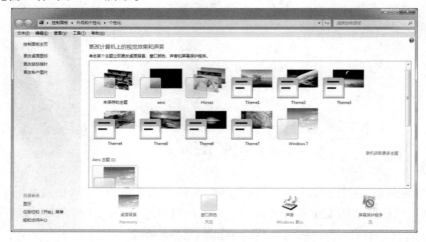

图 2－9　"个性化"设置窗口

"个性化"窗口主要有以下一些设置。

1. 主题

　　主题包括桌面背景、窗口颜色、声音和屏幕保护程序,有时还包括图标和鼠标指针。用户可以直接单击选择预设的主题,也可以通过窗口下面的"桌面背景""窗口颜色""声音""屏幕保护程序"按钮来自定义主题。

2. 更改桌面图标

　　通过该链接向桌面添加或删除系统图标,或者把图标改换成其他图片。

3. 更改鼠标指针

　　通过该链接可以改变鼠标指针在不同的条件下显示的形状。

4. 更改帐户图片

　　通过该链接更改用户帐户所对应的图片。

（三）添加桌面小工具

　　桌面小工具是 Windows 7 提供的一些小程序,通过这些小程序可以接收即时信息或实现一些简单的功能。Windows 7 自带的小工具包括日历、时钟、天气、幻灯片放映和图片拼图板等。

　　在桌面上的空白处单击鼠标右键,在弹出的快捷菜单中选择"小工具"命令,打开"小工具"窗口,如图 2－10 所示。

图 2－10　"小工具"窗口

　　双击要添加的小工具,即可显示在桌面上。将鼠标指针移动到小工具上,会显示"关闭""选项"和"拖动小工具"按钮,通过这些按钮用户可以实现对小工具的管理。

三、任务栏

任务栏位于桌面的最下方,由"开始"按钮、快速启动区、任务切换区、通知区域和"显示桌面"按钮等5个部分组成,如图2-11所示。

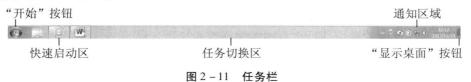

图2-11　任务栏

1."开始"菜单

在 Windows 7 中,几乎所有操作都可以通过"开始"菜单完成。单击任务栏左侧的 按钮,弹出"开始"菜单,如图2-12所示。

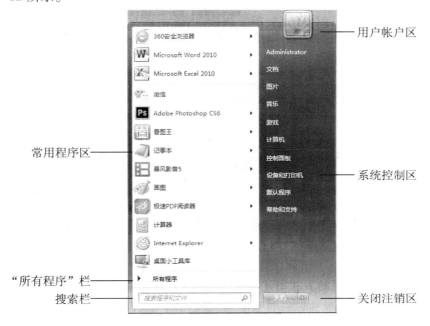

图2-12　"开始"菜单

"开始"菜单用来组织和启动各种应用程序,由常用程序区、"所有程序"栏、搜索栏、用户帐户区、系统控制区和关闭注销区等6个部分组成。

(1)常用程序区。显示最近经常使用的程序,以便快速打开常用程序。

(2)"所有程序"栏。单击所有程序栏,在弹出的子菜单中将显示出所有安装在计算机中的程序,选择相应命令即可启动所需程序。此时"所有程序"命令将显示为"返回",选择"返回"命令,可回到"开始"菜单的初始状态。

(3)搜索栏。用于搜索用户指定的程序或文件,用户输入的内容越多,符合条件的选项就越少。

(4)用户帐户区。显示当前登录的用户帐户的图标和名称。单击用户图标将打开"用户帐户"窗口,可以在该窗口修改帐户密码等相关帐户信息;单击帐户名称,可打开个人文件夹。

(5)系统控制区。该区域显示"计算机""控制面板""设备和打印机"等选项,通过它们可以在打开的窗口中管理计算机资源、运行及查找文件、安装和删除程序等。

(6)关闭注销区。用于对用户进行切换、注销或锁定,以及对计算机进行关机、重启或睡眠等操作。

2.快速启动区和任务切换区

快速启动区可以放置一些经常使用的程序,单击快速启动区中的图标可以快速打开应用程序。打开应用程序后会在任务切换区或通知区域出现一个代表该窗口的程序按钮或图标,通过单击任务栏上的任务按钮可以实现对不同程序窗口的切换。关闭某一程序后,其相应的任务按钮或图标也随之消失。

若要将某一程序添加到快速启动区,可在任务切换区对应的程序图标按钮上单击右键,弹出的快捷菜单中选择"将此程序锁定到任务栏"命令,如图2-13所示。同样,若要将某一程序从快速启动区中删除,可在该程序图标按钮上单击右键,从弹出的快捷菜单中选择"将此程序从任务栏解锁"命令,如图2-14所示。

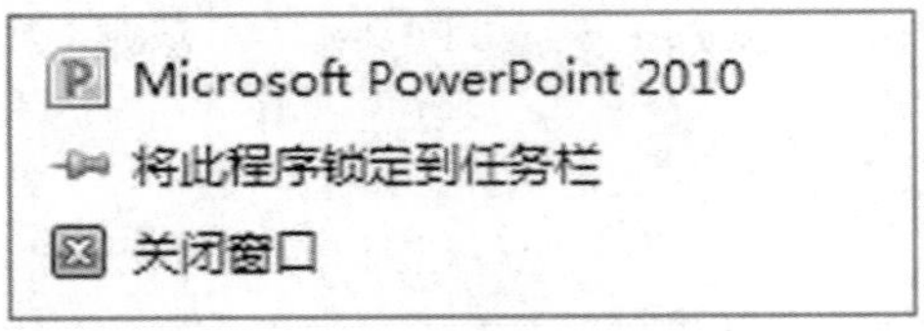

P Microsoft PowerPoint 2010
⚡ 将此程序锁定到任务栏
☒ 关闭窗口

P Microsoft PowerPoint 2010
🔑 将此程序从任务栏解锁
☒ 关闭窗口

图2-13 将程序图标添加到快速启动区 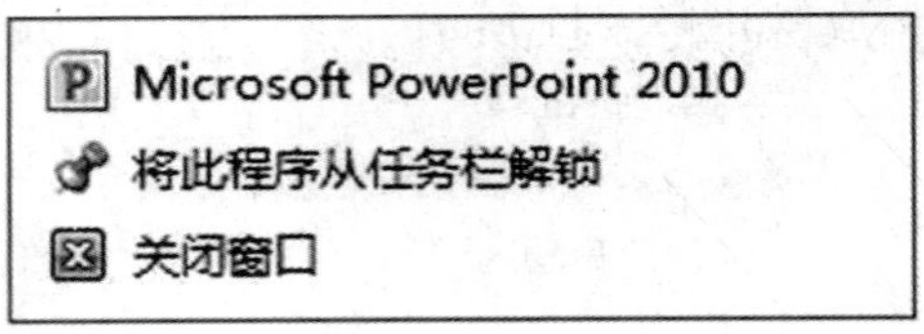　　　　**图2-14 将程序图标从快速启动区删除**

3.通知区域

通知区域,也称系统提示区或托盘,主要显示各种系统信息,如输入法、网络、时间、音量控制等图标。一些程序(如腾讯QQ和各种杀毒软件等)启动后,其图标也会显示在该区域中。通过单击或双击通知区域的图标,可打开相应的应用程序窗口或对应用程序进行一些设置。

4."显示桌面"按钮

鼠标指针移动到"显示桌面"按钮,桌面会显示出来而打开的应用程序只显示任务切换区图标按钮,鼠标指针离开后则会恢复显示,若单击"显示桌面"按钮则不会恢复。

第二节　窗口界面的基本操作

窗口是Windows 7操作系统用户界面的重要组成部分,它是屏幕上与一个应用程序相对应的矩形区域,是用户与产生该窗口的应用程序进行交互的可视界面。每当用户开始运行一个应用程序时,应用程序就会创建并显示一个窗口。当用户操作窗口中的对象时,程序会做出相应的反应。用户可以通过选择相应的应用程序窗口来进行操作,也可以通过关闭应用程序窗口来终止一个程序的运行。

一、窗口的组成

Windows 7的窗口一般由标题栏、菜单栏(或选项卡)、地址栏、工具栏、工作区、滚动条、状态栏和边框等组成。例如Windows 7自带的"记事本"程序窗口,如图2-15所示。

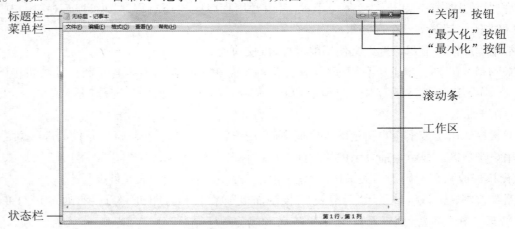

图2-15 "记事本"窗口

不同的应用程序,其外观会有所区别,但风格基本相似,典型的窗口中往往包括下面一些元素。

1.标题栏

标题栏位于窗口的上方,通常用于显示程序和文档的名称。标题栏左侧是控制菜单图标和应用程序名称,右侧的三个按钮是"最小化"按钮 ▭、"最大化"按钮 ▢(若窗口最大化则变为"还原"按钮 ▣)和

"关闭"按钮，它们用于缩放和关闭窗口。当窗口最小化后，则缩为任务栏中的任务按钮，单击该任务按钮，又会恢复到原来的状态。

2. 菜单栏

菜单栏通常位于标题栏的下方，包含了应用程序的大部分功能。一些应用程序有菜单栏，也有一些程序以选项卡的形式代替菜单栏。单击菜单栏中的菜单项会弹出一个下拉菜单，在下拉菜单中选择相应的命令，可以执行相应的操作，如图 2 - 16 所示。

图 2 - 16　"记事本"窗口中的菜单

3. 地址栏

地址栏用于显示和输入当前窗口的地址，单击地址栏右侧的下拉按钮，在弹出的下拉列表中选择路径，可以快速定位到目标地址。

4. 工具栏

工具栏是将菜单中的一些常用命令以工具按钮的形式存放在其中。单击工具按钮，可以快速执行相应的命令，方便用户操作。

5. 工作区

工作区占据了窗口的大部分区域，用于显示窗口内容，用户要完成的任务都是在工作区中完成的。

6. 滚动条

当工作区中的内容无法完全显示时，会出现垂直滚动条或水平滚动条。滚动条由滑块和两端的滚动箭头按钮组成。通过鼠标的操作，可以将未显示出的内容显示在工作区中。常用操作方法如下：

拖动滑块：可以使内容在工作区中移动显示。

单击滚动箭头按钮：小幅度的滚动工作区内容。

单击滚动箭头按钮和滚动条之间的区域：较大幅度的滚动工作区内容。

转动鼠标滚轮：通过前后转动鼠标滚轮可以在工作区中显示滚动内容。

7. 状态栏

状态栏显示当前的工作状态或其他信息。

8. 边框

边框代表窗口的边界，可以用鼠标拖动以更改窗口大小。

二、窗口的操作

在 Windows 7 中，对窗口的操作主要有打开、关闭、移动、缩放和切换等。

1. 打开和关闭窗口

运行了应用程序之后，就打开了相应的应用程序窗口。打开应用程序常用以下方法：

(1)单击"开始"菜单中的应用程序快捷方式。

(2)双击应用程序的图标。

（3）右键单击应用程序的图标,从弹出的快捷菜单中选择"打开"命令。

关闭应用程序窗口有以下方法：

（1）单击窗口右侧的"关闭"按钮 ⊠ 。

（2）选择菜单栏中的"文件"→"退出"命令。

（3）单击标题控制菜单图标,从弹出的菜单中选择"关闭"命令。

（4）按"Alt + F4"组合键可关闭当前"活动窗口"。

2. 改变窗口大小

要缩放窗口,除了可以使用标题栏上的"最小化""最大化/还原"和"关闭"按钮外,还可以使用鼠标来调整窗口的大小。当窗口非最大化时,将鼠标指针移动到窗口边框的任意位置,当鼠标指针变成双向箭头形状时,按住鼠标左键并沿箭头指向拖动就可以调整窗口大小。拖动边框线,可沿拖动方向改变窗口大小；拖动任意角,则可按比例缩放窗口。

3. 移动窗口

当窗口非最大化时,用鼠标左键按住窗口的标题栏并拖动,到目标位置后松开鼠标左键,可移动窗口的位置。

4. 切换窗口

当打开多个窗口后,多个窗口会叠放在桌面上,最后打开的窗口显示在最前面,其窗口标题栏显示为激活状态,该窗口称为活动窗口或当前窗口。

用户只能对活动窗口进行操作,如果要将某个窗口变为活动窗口,只需在任务栏中单击该窗口的任务按钮或直接在该窗口内单击即可。

5. 隐藏所有窗口

单击任务栏右侧的"显示桌面"按钮,可以将桌面上的所有应用程序窗口隐藏,只显示出任务按钮或通知区域图标。

三、对话框

Windows 7 的对话框与窗口外观很相似,有标题栏但没有菜单栏,可以移动位置,一般不能更改大小。对话框主要用于进行"人机对话",它有一些特殊的组件,如选项卡、文本框、微调框、下拉列表框、复选框、单选按钮、命令按钮等,如图 2 – 17 所示。

图 2 – 17 "段落"对话框

对话框中的下拉列表框、复选框、单选按钮可以对一些选项进行选择,文本框中可以输入字符,微调框可以输入数值或单击微调按钮调整数值大小,命令按钮可以执行相应的操作命令。

单击标题栏中的 按钮,可以关闭对话框。

四、菜单

Windows 7 的菜单主要包括"开始"菜单、程序窗口菜单和右键快捷菜单。单击菜单中的选项可以执行相应的操作。"开始"菜单主要用于启动应用程序,程序窗口菜单和右键快捷菜单主要用于执行操作命令。右键快捷菜单几乎可以在屏幕的任何位置弹出相关操作命令,极大地方便了用户的操作。菜单在显示上主要有以下几种情形。

1. 菜单项字符的显示

菜单中的菜单项字符为很暗的灰色显示时,表示该菜单项当前不可用。当满足一定条件后,灰色字符就会变为正常颜色,表示可以使用。例如:"记事本"窗口中,如果没有选择任何文件或文件夹时,其"编辑"菜单下的"剪切""复制"等菜单项字符为灰色,不能使用,如图 2 - 18 所示。如果选择了文件或文件夹后,则这些菜单项字符就变为正常显示,可以使用了。

菜单项名称后面括号内英文字母,表示在菜单激活后可以直接按键盘键执行该命令;而菜单项后面的功能键或组合键,则不需要菜单被激活就可以直接执行该命令。

编辑(E)	格式(O)	查看(V)	帮助(H)
撤消(U)			Ctrl+Z
剪切(T)			Ctrl+X
复制(C)			Ctrl+C
粘贴(P)			Ctrl+V
删除(L)			Del
查找(F)...			Ctrl+F
查找下一个(N)			F3
替换(R)...			Ctrl+H
转到(G)...			Ctrl+G
全选(A)			Ctrl+A
时间/日期(D)			F5

图 2 - 18 菜单项字符的显示

2. 带有"…"标记的菜单项

带有"…"标记的菜单项,执行时会弹出一个对话框,表示该操作需要进行"人机对话"。例如,用鼠标单击"记事本"窗口中的"文件"→"页面设置…"命令,则弹出"页面设置"对话框。

3. 带有"▶"标记的菜单项

带有"▶"标记的菜单项表示在它下面还有下级菜单,将鼠标指针指向该菜单项,会自动弹出下级菜单。例如,"计算机"窗口中单击"查看菜单后",鼠标移至"排序方式",则会弹出下级菜单,如图 2 - 19 所示。

图 2 - 19 弹出的下级菜单

4.带有"·"或"√"标记的菜单项

带"·"或"√"标记的菜单项都表示是可选择的菜单项,但在它们的分组菜单中,带"·"标记的菜单项表示必须选择且只能选择一项,若又改选了同一组中的另一项,则前一项自动取消;而带"√"的菜单项是一个开关式选项,单击可在选中状态和不选中状态之间切换,在分组菜单中一般可多选。

5.带有组合键的菜单项

菜单名后带有组合键的菜单项,表示该菜单项可以不打开菜单直接用该组合键来执行,如"记事本"窗口"编辑"菜单中的"全选"命令,可以直接按"Ctrl + A"组合键来执行。

第三节　文件和文件夹的管理

一、文件和文件夹的基本知识

1.盘符

计算机中的大部分资源都存储在硬盘中,由于硬盘容量较大,为便于管理常被划分为多个逻辑分区,每个分区都作为一个相对独立的存储盘来使用。除此之外,计算机中常用的存储器还有光盘、可移动盘(如 U 盘、移动硬盘、SD 卡等),每个盘的名称称为盘符,用大写英文字母加冒号表示,编号顺序为硬盘、光盘、可移动盘。硬盘盘符为"C:""D:""E:"……光盘盘符在硬盘盘符之后,可移动盘盘符放在最后。可移动盘盘符在可移动盘连入计算机后才会出现,如图 2 - 20 所示。

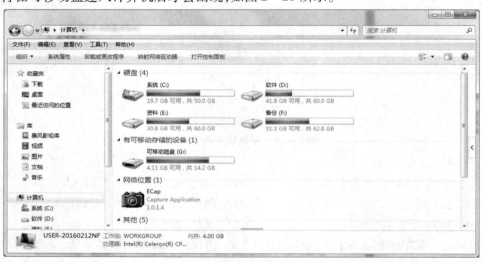

图 2 - 20　存储器的命名

2.文件

计算机中的资源都是以文件的形式进行组织管理的。计算机中的文件是以实现某种功能为目的、存储在计算机上的信息集合。计算机中的文件可以是程序、文档和快捷方式等,用图标和说明文字来表示,如图 2 - 21 所示。在 Windows 系统中,各种设备也被看作文件来进行操作,如硬盘驱动器、光盘驱动器、打印机等都通过文件来进行设置和操作。

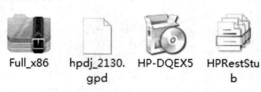

图 2 - 21　计算机中的文件

3. 文件夹

文件夹是为了方便计算机对文件进行管理,而将文件分类存放在一起的场所。文件夹中可包含多个文件和子文件夹,子文件夹下又可包含多个文件和子文件夹,依此类推,这样的层次关系形成了一个树形的管理结构。在树形结构中,文件夹相当于树枝,而文件相当于叶子,如图 2-22 所示。

图 2-22 树形结构

4. 文件和文件夹的命名

每一个文件或文件夹都有一个名字,在 Windows 7 系统中用不超过 255 个字符(可以是汉字、英文字母、数字或符号)作为文件名或文件夹名。在文件和文件夹命名中,有 9 个符号(\、/、:、*、?、"、<、>、|)为系统其他用途符号,不能在命名时使用。为了区分不同类型的文件,文件名由文件名和扩展名组成,文件名和扩展名之间用小圆点"."隔开,相同类型的文件图标是相同的。如 file1.txt 中的扩展名 txt 表示了此文件为文本文件。

在 Windows 系统中,常见的文件类型主要有以下几种:

(1)程序文件。程序文件是指在 Windows 中可以直接运行的文件。主要包括可执行文件(.exe)、命令文件(.com)和批处理文件(.bat)。

(2)支持文件。支持文件主要有 dll 动态链接文件和 sys 系统配置文件,这些文件不能直接运行,只能在可执行文件运行时起辅助作用。

(3)文档文件。文档文件是指供程序使用或程序产生的资料性文件,如 Word 文档(.docx)、文本文档(.txt)等。

(4)图像文件。常见类型有 jpg、bmp、gif 等。

(5)多媒体文件。常见的多媒体音频文件类型有 mp3、wav、wma、mid 等,多媒体视频文件类型有mpg、avi、wmv 等。

在 Windows 7 的默认情况下,浏览时不显示已知文件类型的扩展名,而直接通过图标识别,可以通过设置显示其扩展名。

在查找或批量操作文件和文件夹时,可以使用通配符,通配符可用来表示一组文件。通配符有两个:

?:用于代替文件名某位置上的任意一个字符。

*:用于代替文件名某位置处任意多个字符。

如:a?.jpg 表示以 a 开头,第二个字符为任意字符的图片文件;*.* 表示所有文件。

二、Windows 资源管理器

Windows 资源管理器是系统提供的资源管理工具,通过它可以查看和管理计算机中的所有资源,包括收藏夹、库、文件、文件夹和网络等。使用 Windows 资源管理器,用户可以对计算机中文件夹和文件进行创建、复制、移动、删除、重命名以及搜索文件等操作。

在任务栏的快速启动区中单击"Windows 资源管理器"图标 或单击"开始"→"所有程序"→"附件"→"Windows 资源管理器"命令,即可打开 Windows 资源管理器,如图 2-23 所示。

图 2-23　Windows 资源管理器

1. Windows 资源管理器的组成

Windows 资源管理器主要标题栏、"前进"和"后退"按钮、地址栏、搜索框、菜单栏、工具栏、工作区和信息窗格等组成。

（1）"前进"和"后退"按钮。通过这两个按钮，可以导航到已打开的其他文件夹或库。

（2）地址栏。通过在地址栏中单击某个链接或输入相应的路径可以导航至不同的文件夹或库。

（3）搜索框。在搜索框中输入关键词，可查找当前文件夹或库中的选项。

（4）菜单栏。通过菜单栏的分类菜单命令可以完成需要的各种操作。

（5）工具栏。利用工具栏可以执行一些常见的任务，如更改文件和文件夹的外观、将文件刻录到 CD 或启动图片的幻灯片播放等。

（6）工作区。左侧的导航窗格为文件夹的树形结构，在导航窗格中选择某一对象，则右侧窗格显示这一对象下的具体内容。

（7）信息窗格。在该窗格中可以查看选定文件夹的常见属性，如对象个数、文件大小、修改日期等。

2. 文件和文件夹的浏览

导航窗格为文件夹的树形结构，共有"收藏夹""库""计算机"和"网络"4 个对象，如图 2-23 所示。图中带"▷"符号的，表示下面有子文件夹，单击"▷"号，则其子文件夹就会在其下面显示出来，同时"▷"号变为"◢"号，若单击"◢"号，其下面的子文件夹又会折叠，同时"◢"号变为"▷"号。通过单击"▷"号或"◢"号对文件夹进行展开或折叠，找到要操作的文件夹，单击该文件夹，就可以在右窗格中显示该文件夹下面的所有子文件夹和文件。

在 Windows 7 中，系统为用户提供了文件和文件夹的多种查看方式，其中有图标（超大图标、大图标、中等图标、小图标）、列表、详细信息、平铺和内容。单击工具栏中的▤▾按钮，可以在不同查看方式之间切换，单击该按钮后面的下拉按钮▼，则会弹出显示方式面板，可以通过滑块选择查看方式，如图 2-24 所示。

当文件与文件夹的查看方式为"详细信息"模式时，每一列会对应的一个列标题，单击列标题可以快速进行文件排序，单击列标题右侧下拉按钮中的选项可以快速进行文件筛选。

用户也可以使用"查看"菜单（或右键快捷菜单）选择查看方式，或对文件和文件夹进行排序或分组查看，如图 2-25 所示。

图 2-24　显示方式面板

图 2-25　"查看"菜单

3.选择文件或文件夹

在对文件或文件夹进行操作之前,要先选定文件或文件夹。在 Windows 资源管理器中,文件和文件夹可以同时选定,一起进行操作。选定文件或文件夹有多种方法,常用以下方法进行选择:

(1)选定单个文件或文件夹。用鼠标单击要选定的文件或文件夹图标。

(2)选定多个连续的文件或文件夹。单击第一个文件或文件夹图标后,按住键盘上的"Shift"键,再单击最后一个文件或文件夹图标,如图 2 - 26 所示。

图 2 - 26　选择多个连续的文件或文件夹

(3)选定多个不连续的文件或文件夹。先按住键盘上的"Ctrl"键,再逐个单击要选择的文件或文件夹图标,如图 2 - 27 所示。

图 2 - 27　选择多个不连续的文件或文件夹

(4)选定全部文件或文件夹。单击工具栏中的 组织▾ 按钮,从弹出的菜单中选择"全选"命令,也可以单击菜单栏中的"编辑"→"全选"命令或直接按键盘组合键"Ctrl + A"。

(5)在工作区中的任意位置单击鼠标左键则取消当前选择。

4.新建文件夹

使用文件夹便于对文件进行分类存放,同时方便查找和简化管理。在 Windows 资源管理器中建立新文件夹比较简便的方法是:在需要新建文件夹窗口中,单击工具栏中的 新建文件夹 按钮,可快速新建文件夹,输入文件夹名并按回车键即可。也可以用"文件"菜单或右键快捷菜单中的"新建"→"文件夹"命令来完成。

5. 重命名文件或文件夹

用户可以给文件或文件夹重新命名,可用以下方法:

(1)选择文件或文件夹,单击工具栏中的 组织▾ 按钮,从弹出的菜单中选择"重命名"命令,文件名称变成编辑状态,如图 2-28 所示,输入新文件名并按回车键即可。

(2)单击要重新命名的文件或文件夹,稍停后再单击该文件或文件夹的名字(不同于双击),输入新文件名并按回车键。

图 2-28 重命名文件或文件夹

也可以用"文件"菜单或右键快捷菜单中的"重命名"命令完成。

重命名时可以用编辑键对文件或文件夹的名字进行编辑,但新文件名或文件夹名不能与同一文件夹中已有的文件名或文件夹名相同,否则不能进行重命名操作。如果更改文件的扩展名,系统会给出"可能会导致文件不可用"的提示信息,除非特殊需要,一般不要轻易更改文件的扩展名。

6. 复制、移动文件或文件夹

复制是指原来位置上的文件或文件夹保留不动,而在目标位置上建立一个与该文件或文件夹一样的拷贝。例如,为了避免计算机出现故障而造成数据的丢失,可将这些数据文件复制到 U 盘上进行备份。移动则是将文件或文件夹从原位置移动到目标位置。

复制和移动操作过程类似。复制(或移动)文件或文件夹的操作步骤如下:

(1)选定要复制(或移动)的文件或文件夹。

(2)单击工具栏中的 组织▾ 按钮,从弹出的菜单中选择"复制"(或"剪切")命令,此时要复制(或移动)的文件或文件夹信息被保存到 Windows 的剪贴板中。

(3)打开目标文件夹窗口,单击工具栏中的 组织▾ 按钮,从弹出的菜单中选择"粘贴"命令。

也可以用"文件"菜单或右键快捷菜单中的命令完成。

另外,还可以用组合键进行快速操作,方法如下:

选中要复制(或移动)的文件或文件夹,按"Ctrl + C"(或"Ctrl + X")组合键,然后打开目标文件夹窗口,按"Ctrl + V"组合键进行粘贴。

若用鼠标直接拖动选定的文件或文件夹,则拖动到其他盘符中为复制操作,拖动到同一盘符其他文件夹中为移动操作。若按住 Ctrl 键拖动选定的文件或文件夹,则拖动到任何位置都为复制操作。

7. Windows 剪贴板的使用

剪贴板是 Windows 系统用来临时存放交换信息的一部分内存空间,它是信息的中转站,通过它可以实现磁盘、文件或文件夹之间进行信息的复制或移动。剪贴板存放的传递信息可以多次使用,直到被新的信息取代。它主要用于以下几个方面:

（1）复制、移动文件或文件夹。

（2）文档内或不同文档之间的信息复制和移动。

（3）屏幕截图。如：按下 Print Screen 键可以将当前整个屏幕的图像保存到剪贴板，按下组合键"Alt + Print Screen"可以将当前活动窗口的图像保存到剪贴板。

8.删除文件或文件夹

不需要的文件或文件夹可以进行删除，错误的操作也可以撤销。

删除文件或文件夹常用以下方法：

（1）选择要删除的文件或文件夹，单击工具栏中的 组织▾ 按钮，从弹出的菜单中选择"删除"命令，此时将弹出确认删除对话框，如图 2－29 所示。

图 2－29　确认删除对话框

（2）单击该对话框中的"是"按钮，系统将选定的文件或文件夹删除并放入"回收站"中，单击"否"按钮则取消删除操作。

此外，选定要"删除"的文件或文件夹后，也可以用文件菜单或右键快捷菜单中的"删除"命令或直接按键盘上的"Delete"键完成删除操作。

如果错误地进行了删除操作，可单击工具栏中的 组织▾ 按钮，从弹出的菜单中选择"撤销"命令（或"编辑"菜单中的"撤销删除"命令）来取消删除操作。

9.使用回收站

在 Windows 操作系统中，"回收站"是被删除文件的临时存储文件夹。在删除文件或文件夹后，这些文件或文件夹被暂时存放到"回收站"中，用户可以通过"回收站"来恢复删除了的文件或文件夹，也可以将其永久性地删除。回收站占用磁盘空间的大小是可以设置的，当回收站的空间被全部占用时，最早被删除的文件将不会保存到回收站中而是被永久删除。

（1）"回收站"窗口。在桌面上双击"回收站"图标，可以打开如图 2－30 所示的"回收站"窗口。

图 2－30　"回收站"窗口

在该窗口中可以执行以下操作：①要永久地删除回收站中的所有内容，可单击工具栏中的 清空回收站 按钮；②要永久地删除部分文件或文件夹，先选定这些文件或文件夹，然后单击工具栏 组织▾ 按钮，从弹出的菜单中选择"删除"命令；③要恢复部分文件或文件夹，先选定这些文件或文件夹，然后单击工具栏中的 还原此项目 按钮。

以上操作也可以用"文件"菜单或右键快捷菜单中的相应命令来完成。

（2）设置回收站属性。在桌面上用鼠标右键单击"回收站"图标，从弹出的快捷菜单中选择"属性"命令，打开如图2-31所示的"回收站属性"对话框。在该对话框中，可以设置每个磁盘"回收站"占用空间的大小、是否"显示删除确认对话框"和不将文件移到回收站而直接将文件删除等。

图2-31 "回收站属性"对话框

10. 文件或文件夹的属性

为保护某些文件或文件夹，可以对其属性进行设置。文件或文件夹的属性有"只读""隐藏""存档"三种。

只读：表示文件或文件夹只能被访问，不能被编辑，如果删除会收到系统的警告。

隐藏：表示文件或文件夹被隐藏，默认情况下不能查看或使用这些文件或文件夹。

存档：表示需要存档的文件或文件夹。某些应用程序通过设置此选项来确定哪些文件需要备份。

设置文件或文件夹属性的具体操作步骤如下：

（1）在"Windows 资源管理器"中选中需要设置属性的文件或文件夹。

（2）单击工具栏中的 组织▾ 按钮，从弹出的菜单中选择"属性"命令，打开相应文件或文件夹的属性对话框，如图2-32所示。

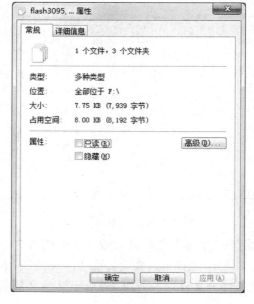

图2-32 属性对话框

（3）在该对话框的"属性"选项区中,设定所选文件或文件夹的属性。

（4）单击"确定"按钮,若包含有文件夹的属性设置,则弹出如图 2-33 所示的"确认属性更改"对话框。

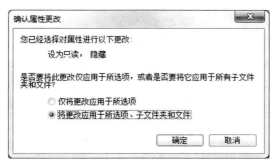

图 2-33 "确认属性更改"对话框

（5）根据需要选择后单击"确定"按钮,完成对所选文件或文件夹的属性设置。

若要恢复可再次执行上述属性设置操作,但默认设置下被隐藏的文件或文件夹不会显示,若要查看或更改设置,需要将隐藏的文件或文件夹显示出来。具体操作方法:单击"工具"→"文件夹选项"命令,打开"文件夹选项"对话框,选择"查看"选项卡,如图 2-34 所示。在"高级设置"列表框中选择"显示隐藏的文件、文件夹和驱动器"单选按钮,则可在窗口中看到这些文件或文件夹。

图 2-34 "文件夹选项"对话框

第四节 磁盘的管理和维护

硬盘是计算机的主要存储设备,计算机中的绝大部分数据都是保存在硬盘中的。对文件和文件夹进行的操作,其实就是对这些磁盘中的数据进行操作。因此,对磁盘进行管理和维护是非常重要的,只有管理和维护好磁盘,才能提高磁盘性能,保护数据的安全。

一、查看计算机属性

双击桌面的"计算机"或在"Windows 资源管理器"窗口的导航窗格中单击"计算机",在右侧的浏览窗口中可以直接查看各磁盘的属性,包括总容量、可用空间和卷标(即磁盘的名字)等,如图 2-35 所示。

图 2 – 35 "计算机"窗口

1. 查看系统属性

单击工具栏中的 系统属性 按钮,可打开"系统属性"窗口,如图 2 – 36 所示。通过窗口可查看计算机的操作系统版本、处理器与内存的配置、计算机名和工作组等基本情况。

2 – 36 "系统属性"窗口

若需查看计算机中各种硬件的情况,可单击左侧导航窗格的"设备管理器",在弹出的"设备管理器"窗口中可以查看硬件的配置和当前状态,如图 2 – 37 所示。

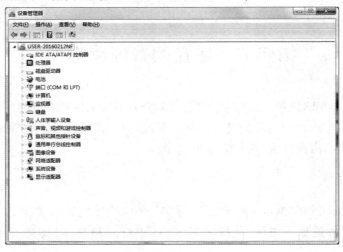

图 2 – 37 "设备管理器"窗口

2.查看磁盘属性

在图 2 - 35 所示的"计算机"窗口中,可选择要查看的磁盘(如 C 盘),单击工具栏中的 [属性] 按钮,打开磁盘属性对话框,如图 2 - 38 所示。该对话框有 7 个选项卡,常用的选项卡功能如下:

图 2 - 38　磁盘属性

(1)常规。在此选项卡的文本框中显示了当前磁盘的卷标(即名称),用户可以在其中更改磁盘的卷标。另外,此选项卡中还显示了当前磁盘的类型、文件系统、已用空间、可用空间等信息。单击"磁盘清理"按钮,可以启动"磁盘清理"程序对当前磁盘进行清理。

(2)工具。由"查错""碎片整理"和"备份"三个选项区组成,单击相应的按钮,可以启动对应的应用程序对磁盘进行检查错误、整理碎片和系统备份等操作。

(3)硬件。可以查看磁盘驱动器的情况。

(4)共享。可以设置当前驱动器在局域网上的共享信息。

二、格式化存储盘

硬盘、可移动硬盘和 U 盘等都可以进行格式化操作,格式化会造成保存在盘中的数据丢失,一般用来对存储盘进行初始化或对其中的数据进行快速清除。

在图 2 - 35 所示的"计算机"窗口中,用鼠标右键单击要格式化的存储盘图标,从弹出的快捷菜单中选择"格式化"命令,弹出"格式化"对话框,如图 2 - 39 所示。

图 2 - 39　"格式化"对话框

在该对话框中可以看到当前磁盘的基本信息,如容量、文件系统、卷标等,选择"快速格式化"选项可以对磁盘进行快速格式化,单击"开始"按钮,开始格式化过程,单击"关闭"按钮则取消操作并关闭对话框。

三、磁盘的维护

计算机在使用过程中,对程序进行安装、卸载,对文件进行复制、移动、删除和下载程序等操作,会在硬盘上产生许多临时文件和垃圾文件,并形成文件碎片,既占用系统资源又浪费磁盘空间,导致计算机的运行速度减慢,降低计算机的性能。因此需要定期对磁盘进行维护,以使计算机保持良好的工作状态。

1. 磁盘清理

磁盘清理是将磁盘中的临时文件和垃圾文件进行清除,以便释放出更多的磁盘空间,这样有利于提高磁盘的利用率。对磁盘进行清理的操作步骤如下:

(1)单击"开始"→"所有程序"→"附件"→"系统工具"→"磁盘清理"命令,将弹出"驱动器选择"对话框,如图2-40所示。

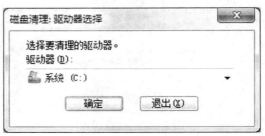

图2-40　"驱动器选择"对话框

(2)在"驱动器"下拉列表框中选择要清理的磁盘,如选择驱动器C:,单击"确定"按钮,将弹出"系统(C:)的磁盘清理"对话框,如图2-41所示。

(3)在"要删除的文件"列表框中选择要清除的内容,单击"确定"按钮将其清除。

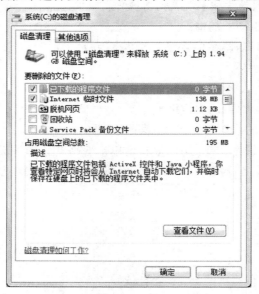

图2-41　"系统(C:)的磁盘清理"对话框

2. 整理磁盘碎片

磁盘使用久了会产生大量的不连续空间,这样会造成运行速度减慢等现象,可以使用碎片整理程序来整理计算机上的文件和未使用的空间,以提高磁盘的读取速度和减少新文件出现碎片的可能性。

整理磁盘碎片的操作步骤如下:

(1)单击"开始"→"所有程序"→"附件"→"系统工具"→"磁盘碎片整理程序"命令,打开"磁盘碎片整理程序"窗口。

(2)在"当前状态"列表框中显示了当前磁盘的情况,选择需要整理的磁盘,如选择C盘,单击"分析磁盘"按钮,如图2-42所示。

图 2-42　"磁盘碎片整理程序"窗口

（3）系统开始对 C 盘进行分析，分析完毕后如需对 C 盘进行碎片整理，单击"磁盘碎片整理"按钮，则系统开始对磁盘碎片自动进行整理，并在"当前状态"列表框的"进度"栏中显示整理进度。一般情况下，磁盘整理需要较长时间，在整理过程中尽量不要对计算机进行任何操作。

（4）整理完毕后，单击"关闭"按钮。

第五节　控制面板和个性化设置

Windows 7 的控制面板包含了有关 Windows 7 的外观和工作方式的所有设置。通过控制面板，用户可以查看并进行基本的系统设置和控制，如外观设置、添加硬件、添加/删除程序、管理用户帐户、更改辅助功能选项等，合理的设置可以使计算机的工作方式更适合用户的需求。

单击"开始"→"控制面板"命令，即可打开"控制面板"窗口，如图 2-43 所示。窗口内容有三种查看方式，分别是"类别""大图标"和"小图标"，其中"类别"为默认查看方式。该方式将控制面板中的各个功能进行了归类，并将每一类别的常用设置放在下面，便于用户进行操作。

图 2-43　"控制面板"窗口

一、设置外观和个性化

通过控制面板的"外观和个性化",用户可以对桌面进行设置,包括设置主题、桌面背景、显示分辨率等。

1. 更改主题

单击"更改主题"超链接,进入"个性化"设置界面,如图 2 - 9 所示,具体操作和桌面操作中的"个性化"一致。

2. 更改桌面背景

单击"更改桌面背景"超链接,进入"桌面背景"设置界面,如图 2 - 44 所示。若要选择某种颜色作为桌面背景,则直接在下面的列表中选择即可。

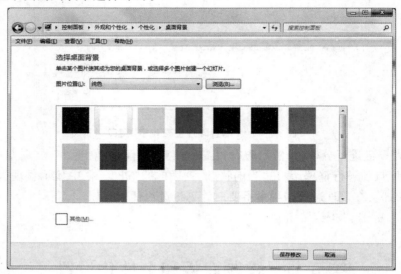

图 2 - 44 **"桌面背景"窗口**

若要用图片作为背景,可在"图片位置"后的下拉列表中选择,如选择"Windows 桌面背景"选项,如图 2 - 45 所示,在图片列表中选择某个图片作为桌面背景,也可以选择多个图片并设置"更改图片时间间隔"以实现桌面图片的自动更换,设置完成后单击"保存修改"按钮。

图 2 - 45 选择桌面图片

3. 调整屏幕分辨率

单击"调整屏幕分辨率"超链接,进入设置屏幕分辨率界面,单击"分辨率"后面的下拉按钮,弹出调整面板,拖动其中的滑块,可以调整屏幕显示的分辨率,如图 2 - 46 所示,调整完成后单击"确定"按钮。

图 2 - 46　设置屏幕分辨率

二、调整日期和时间

单击控制面板中的"时钟、语言和区域"超链接,进入"时钟、语言和区域"设置界面,选择其中的"设置日期和时间"超链接,弹出"日期和时间"对话框,如图 2 - 47 所示。在该对话框中单击"更改日期和时间"按钮,可对当前系统的日期和时间进行设置。

若计算机的时钟不准确,可选择"Internet 时间"选项卡,单击"更改设置"按钮,在弹出的对话框中选择"与 Internet 时间服务器同步"复选框,可定期自动与 Internet 时间服务器同步时间。

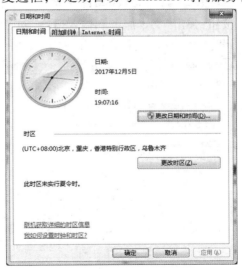

图 2 - 47　"日期和时间"对话框

用户也可以单击通知区域中时钟,在弹出的面板中单击"更改日期和时间设置"超链接,执行上述操作。

三、中文输入法

1. 中文输入法的分类

计算机中常用的输入法有英文输入法和中文输入法。中文输入法大致可分为音码输入、形码输入和音形输入三大类。

(1)音码输入。音码输入是按照汉字的读音进行汉字编码及输入的方法,它是用汉语拼音的全拼和简拼方式进行输入的。

（2）形码输入。形码输入是按照汉字的字形进行汉字的编码及输入的方法。利用汉字书写的基本顺序或字形特点将汉字拆分成若干部分，然后对每一部分用一个字母进行取码，整个汉字的编码序列就是这个汉字的形码。形码的特点是重码率低，速度快。如五笔字型输入法就是一种形码输入法。

（3）音形码。音形码是利用音码和形码各自的优点，兼顾汉字的音和形，并以音为主、以形为辅，通过音形结合达到易学易记、输入速度快的目的。如郑码输入法就是一种音形输入法。

2. 输入法的管理

对于已经安装在系统中的输入法，可用控制面板进行管理。单击控制面板中的"时钟、语言和区域"类别下的"更改键盘和其他输入法"超链接，弹出"区域和语言"对话框，如图 2 – 48 所示。

图 2 – 48　"区域和语言"对话框

单击对话框中的"更改键盘"按钮，弹击"文本服务和输入语言"对话框，如图 2 – 49 所示。在对话框的输入法列表中可以添加、删除和设置输入法的属性，并可以对输入法的位置进行调整。

图 2 – 49　"文本服务和输入语言"对话框

也可以单击通知区域"输入法选择"按钮📖后面的选项按钮🔽，从弹出的快捷菜单中选择"设置"命令，执行上述操作。

3. 输入法的选择

Windows 7 中默认的输入法是英文输入法，单击语言栏中的"输入法选择"按钮📖，打开输入法选择菜单，如图 2 – 50 所示。在该菜单中选择要使用的输入法，即可打开该输入法的状态框，并开始使用该输入法。

图 2-50 输入法选择菜单

在输入过程中,可以用"Ctrl + 空格"组合键在中文和英文输入法之间切换,用"Ctrl + Shift"组合键在不同的输入法之间切换。

4. 输入法状态框

在使用汉字输入法时,系统会打开一个输入法状态框,单击输入法状态框中的各个按钮可以进行相应的切换,如图 2-51 所示。

图 2-51 输入法状态框

四、卸载程序

通过控制面板的"程序"类别下面的"卸载程序"超链接,打开卸载或更改程序窗口,如图 2-52 所示。在窗口的程序列表中选择要卸载或更改的程序后,在工具栏中单击 卸载/更改 按钮,则会出现卸载或更改对话框,按对话框提示完成操作。

图 2-52 "卸载程序"窗口

五、共享文件和打印机

在局域网中,可以互相共享计算机中的文件、文件夹或打印机等资源。要完成这些资源的共享,首先要进行共享设置来启用文件和打印机的共享,然后才能将特定文件夹或打印机共享,以便被局域网中的其他计算机所访问。

1. 设置文件和打印机共享

(1)打开控制面板,单击"用户帐户和家庭安全"超链接,进入"用户帐户和家庭安全"窗口。单击该窗口中的"用户帐户"超链接,打开如图 2-53 所示的"用户帐户"窗口。

（2）单击"用户帐户"窗口中的"管理其他帐户"超链接，如图 2－54 所示的"管理帐户"窗口。单击其中的"Guest"帐户，并单击"启用"按钮。

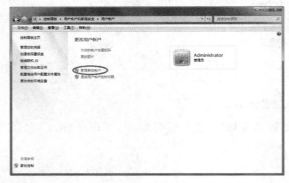

图 2－53 "用户帐户"窗口　　　　　　　　　　　　图 2－54 "管理帐户"窗口

（3）返回控制面板主界面，单击"网络和 Internet"超链接，进入"网络和 Internet"窗口。单击该窗口中的"网络和共享中心"超链接，打开如图 2－55 所示的"网络和共享中心"窗口。

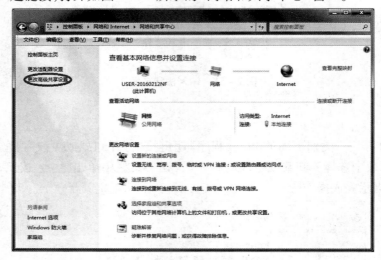

图 2－55 "网络和共享中心"窗口

（4）单击"网络和共享中心"窗口左侧窗格中的"更改高级共享设置"超链接，打开"高级共享设置"窗口，如图 2－56 所示。在该窗口中选择"启用网络发现""启用文件和打印机共享""关闭密码保护共享"，完成后单击"保存修改"按钮。

图 2－56 "高级共享设置"窗口

2. 共享文件夹

设置共享文件夹的步骤如下：

（1）选择要共享的文件夹，单击鼠标右键，从弹出的快捷菜单中选择"共享"→"特定用户"命令，如图 2－57 所示。

图 2－57 设置文件共享

（2）在弹出的"文件共享"窗口中，单击下拉列表框右侧的按钮，从中选择"Guest"并单击"添加"按钮，"Guest"用户被添加到列表中，默认权限为"读取"，单击"共享"按钮弹出"文件共享"窗口，单击"完成"按钮。

（3）在局域网的另一台计算机的"网络"中找到目标计算机，双击打开，就可以看到设置的共享文件夹。可以读取，但不可写入和删除。

3. 共享打印机

设置打印机共享后，可以让局域网中的其他计算机使用该打印机进行网络打印。下面以共享 HP DJ 2130 series 打印机为例介绍设置方法：

（1）在"开始"菜单中选择"设备和打印机"，弹出如图 2－58 所示的"设备和打印机"窗口。

图 2－58 "设备和打印机"窗口

（2）右键单击该窗口中的"HP DJ 2130 series"打印机图标，在弹出的快捷菜单中选择"打印机属性"命令，弹出"HP DJ 2130 series 属性"对话框，如图 2－59 所示。

（3）选择该对话框中的"共享"选项卡，勾选"共享这台打印机"选项，单击"确定"按钮完成共享，如图 2－60 所示。

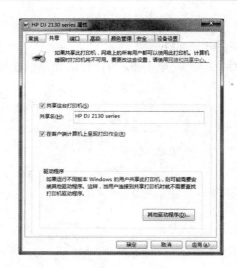

图2-59　打印机属性对话框　　　　　　　　　　图2-60　"共享"选项卡

网络中的其他计算机要使用此打印机打印时,需要先将该打印机添加到自己的计算机中才能使用。添加步骤如下:

(1)在其他计算机中单击"开始"菜单中的"设备和打印机"命令,弹出"设备和打印机"窗口。单击工具栏"添加打印机"按钮,弹出"添加打印机"对话框,如图2-61所示。

图2-61　"添加打印机"对话框

(2)在该对话框中选择"添加网络、无线或Bluetooth打印机"选项,单击"下一步"按钮,则开始搜索网络中可用的打印机并显示在列表中,如图2-62所示。

(3)用户从列表中选择并单击"下一步"按钮,则将网络打印机添加到自己的计算机中,如图2-63所示。

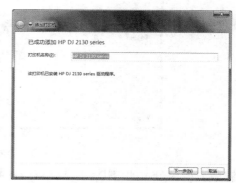

图2-62　选择网络打印机　　　　　　　　　　图2-63　完成添加打印机

(4)单击"下一步"按钮,弹出打印测试对话框,若需测试是否正常,可单击"打印测试页"按钮,最后单击"完成"按钮。

第六节　Windows 7 的常用附件

　　Windows 7 的"附件"为用户提供了许多使用方便、功能强大的应用程序,利用这些程序可以快速完成某些常用任务。其中"记事本"程序可以编辑一些文本文件,"画图"程序可以创建和编辑图片,"截图工具"程序可以进行任意大小的屏幕截图,"系统工具"可以对磁盘进行磁盘管理和维护等。

一、记事本

　　记事本是一个基本的文本处理程序,功能简单、使用方便,可以用来进行文本的输入、编辑和设置格式,主要用于记录日常事务和编辑一些篇幅短小的文本文件。

　　单击"开始"→"所有程序"→"附件"→"记事本"命令,打开"记事本"窗口,如图 2 – 64 所示。"记事本"窗口非常简单,它的所有功能都集中在菜单栏中。

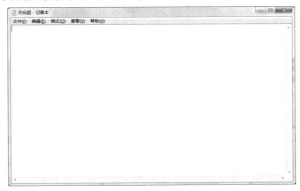

图 2 – 64　"记事本"窗口

记事本生成 txt 格式的文本文件,它的另一个功能是可以保存无格式文件,可以作为程序编辑器。

二、计算器

　　Windows 7 的计算器程序,可模拟实际的计算器进行各种数学运算和单位转换。

　　单击"开始"→"所有程序"→"附件"→"计算器"命令,打开"计算器"窗口,如图 2 – 65 所示。

图 2 – 65　"计算器"窗口

　　单击"查看"菜单,可切换"标准型""科学型""程序员"和"统计信息"等不同的界面。

　　标准型:模拟一个简单的计算器,可以进行四则运算和开方计算。

　　科学型:除可以进行"标准型"的各种运算外,还可以进行函数、指数、对数的运算,甚至还可以进行各种进制的转换和角度单位的换算。

　　程序员:不但可以进行简单的四则运算,还可以进行逻辑运算和位运算。

　　统计信息:可以输入数据,进行求平均值、方差和标准差的计算。

除此以外,计算器还有单位转换、日期计算等功能。

单击"查看"→"历史记录"命令,可以查看之前的运算历史记录或更改历史记录的计算值。

三、画图

"画图"程序可以用来创建和处理简单的图形(或图片),它可以将图形(或图片)保存为 png、jpeg、bmp、gif 等格式的图片。

单击"开始"→"所有程序"→"附件"→"画图"命令,可以打开"画图"窗口,如图 2 - 66 所示。

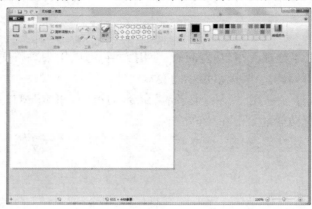

图 2 - 66 "画图"窗口

窗口大体分两个部分,功能区上方提供了一些常用的绘图工具和调色板,功能区下方为绘图区(或画面)。

1. 绘制图形

利用铅笔和各种刷子工具可以在绘图区自由绘制各种图形。

2. 绘制形状

"画图"程序可以绘制已定义好的形状,如:直线、曲线、圆形、正方形、三角形、箭头等。具体使用方法如下:

(1)单击"主页"选项卡"形状"组中的形状按钮,在绘图区域中拖动鼠标画出该形状。

(2)改变形状的边框和填充颜色。通过单击"颜色"组中的"颜色1"(前景色)或"颜色2"(背景色),然后单击需要的颜色按钮进行设置。

(3)更改线条粗细、边框样式和填充样式。单击"粗细"按钮可在下拉列表中选择需要的线条,单击"形状"组中"轮廓"按钮或"填充"按钮则可从下拉列表中选择所需的边框或填充样式。

3. 添加文本

用户可以使用文本工具将文本添加到图片中。

(1)单击"工具"组中的文本工具按钮 **A**,然后在绘图区域拖动鼠标。

(2)在"文本"选项卡"字体"组中选择字体、大小和样式。

(3)在"颜色"组中单击"颜色1",然后单击某种颜色,将其设置为文本颜色。

(4)输入要添加的文本。

4. 编辑图片

用户可以利用"工具"组中的"橡皮擦"工具擦除图片中的颜色,利用"图像"组中的选择形状工具选择某些区域进行复制、移动和删除,还可以进行图片的裁剪、重新调整大小和旋转等操作。

四、截图工具

截图工具不仅可以捕获桌面上任何对象的屏幕快照(如图片或网页的一部分),还可以对图像进行批注、保存或将其通过电子邮件发送。可以截取整个窗口、屏幕的矩形区域,也可以使用鼠标手工绘制任意形状的轮廓作为截取范围。

单击"开始"→"所有程序"→"附件"→"截图工具"命令,打开"截图工具"窗口,如图 2 - 67 所示。

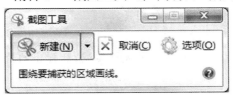

图 2 - 67　"截图工具"窗口

单击"新建"按钮右侧的下拉按钮,在弹出的下拉菜单中选择截取方式,如"矩形截图",在屏幕上拖动鼠标选取要截图的区域,松开鼠标后则截图被保存到剪贴板并显示在"截图工具"窗口中,如图 2 - 68 所示。

图 2 - 68　截取图片

可以通过"笔"工具对图片进行简单的标注,也可以将截图保存成 png、gif 或 jpg 等格式的图片文件或通过电子邮件发送到指定邮箱。

此外,附件中还提供了便笺、录音机、写字板和 DOS 命令提示符等实用程序。

习题二

一、填空题

1. Windows 7 的任务栏由_____、_____、_____、_____和_____组成。

2. 选定多个连续的文件或文件夹,可按住键盘上的_____键后用鼠标操作;选定不连续的多个文件或文件夹,可按住键盘上的_____键后用鼠标操作。要删除选定的文件或文件夹,可按键盘上的_____键。

3. 在 Windows 7 中规定文件名最多不超过_____个字符。

4. 中文输入法大致分为_____、_____和_____三类。

5. 如果要永久地删除回收站中的所有内容,可打开"回收站"窗口,单击"文件"菜单中的_____命令。

6. 用户当前正在使用的窗口称为_____窗口。

7. _____桌面上的图标可打开该图标所代表的程序或窗口。

8. 单击任务栏右侧的_____按钮,可以将桌面上的所有应用程序窗口隐藏。

9. 在 Windows 7 中,与系统相关的文件都放在_____文件夹及其子文件夹中,应用程序则默认放在_____文件夹中。

10. 在菜单操作中,带有"…"标记的菜单命令在执行后,将打开＿＿＿＿＿＿＿＿进行"人机对话"。

11. 剪切、复制、粘贴、全选操作的组合键分别是＿＿＿＿＿＿＿＿＿＿＿＿、＿＿＿＿＿＿＿＿＿＿＿、

＿＿＿＿＿＿＿＿＿＿＿＿、＿＿＿＿＿＿＿＿＿＿＿＿。

12. 改变桌面的背景,可在桌面的空白处单击鼠标右键,从弹出的快捷菜单中选择＿＿＿＿＿＿＿＿
命令,在打开的窗口中进行设置。

二、选择题

1. 在 Windows 7 窗口中,移动窗口位置可用鼠标拖动(　　　)。

A. 菜单栏　　　　　　B. 标题栏　　　　　　C. 工具栏　　　　　　D. 状态栏

2. 要打开一个很久以前的、记不清用何种程序建立的文档,可使用的方法是(　　　)。

A. 在"开始"菜单中找到并打开

B. 用"资源管理器"找到该文档,然后单击

C. 用建立该文档的程序打开

D. 用"开始"菜单中的"搜索"命令找到该文档,然后双击

3. 当一个应用程序窗口被最小化后,该应用程序将(　　　)。

A. 被终止运行　　　B. 被暂停执行　　　C. 继续执行　　　　D. 隐藏在内存中

4. 按下鼠标左键在同一驱动器的不同文件夹中拖动某一对象,结果是(　　　)。

A. 移动该对象　　　B. 复制该对象　　　C. 无任何结果　　　D. 删除该对象

5. 如果要恢复被删除的文件或文件夹,最好的办法是(　　　)。

A. 通过备份来恢复文件　　　　　　B. 通过回收站来恢复文件

C. 执行一次系统还原　　　　　　　D. 通过第三方工具软件来恢复

6. 在 Windows 7 中,用鼠标单击"开始"按钮,将(　　　)。

A. 执行开始程序　　　　　　　　　B. 执行一个程序,程序名称在弹出的对话框中指定

C. 打开一个窗口　　　　　　　　　D. 弹出包含各种应用程序的"开始"菜单

7. 在 Windows 7 环境中,可以同时打开多个窗口,它们的排列方式是(　　　)。

A. 可以自由排列,也可以平铺或层叠排列

B. 只能由系统决定,用户无法改变

C. 只能平铺排列

D. 只能重叠排列

8. Windows 7 的文件夹组织结构是一种(　　　)。

A. 树型结构　　　　B. 表格结构　　　　C. 网状结构　　　　D. 线性结构

9. Windows 7 启动后,正确的关机方法是(　　　)。

A. 关电源　　　　　　　　　　　　B. 按"Ctrl + Alt + Del"组合键

C. 单击"开始"→"关机"　　　　　 D. 单击"开始"→"所有程序"→"关闭"

10. Windows 7 中,删除的文件和文件夹会放入回收站中,回收站是(　　　)。

A. 内存的一块区域　　　　　　　　B. 硬盘的一块区域

C. U 盘的一块区域　　　　　　　　D. 高速缓存的一块区域

11. Windows 的剪贴板是(　　　)。

A. 一个应用程序　　　　　　　　　B. 磁盘上的一个文件

C. 内存的一块区域　　　　　　　　D. 一个专用文档

12. 关于日期和时间,下列说法错误的是(　　　)。

A. 可以修改日期和时间,甚至是时区

B. 可以通过与 Internet 时间同步来获得准确的时间

C. 一台计算机上可以显示多个地区的时间

D. 必须通过控制面板才能设置日期和时间

三、简答题

1. 应用程序窗口有哪些部分组成?

2. 简述文件和文件夹的概念及它们之间的关系。

3. 简述文件和文件夹的管理内容。

4. 简述磁盘的维护方法。

四、上机操作题

1. 练习启动程序的各种方法。

2. 打开资源管理器,练习选定单个文件、多个连续和不连续的文件。

3. 在"资源管理器"窗口中,在 C 盘以自己的名字建立文件夹,在该文件夹下创建一个以自己学号命名的文本文件,输入个人情况并保存,最后将个人文件夹移动到桌面上。

4. 练习设置桌面的外观和主题。

第三章　Word 文字处理

【本章要点】
(1)中文 Office 2010 简介。
(2)Word 2010 的基础知识。
(3)编辑文档和设置文档格式。
(4)表格的使用。
(5)图形处理和图文混排。
(6)版面设置和文档打印。

中文版 Word 2010 是 Microsoft 公司开发的办公软件 Microsoft Office 2010 的一个组件,它具有强大的文字处理功能,图、文、表混排,所见即所得,易学易用,是当前应用范围最广泛的文字处理软件之一。通过本章的学习,将对 Word 2010 有一个全面的了解,并会用它去解决文字处理方面的实际问题。

第一节　Word 2010 概述

一、Word 2010 的启动和退出

1. 启动 Word 2010

计算机上安装好 Microsoft Office 2010 后,就可以使用 Word 2010 这一组件了。启动中文 Word 2010 的方法主要有以下 3 种:

(1)用"开始"菜单启动。单击"开始"→"所有程序"→"Microsoft Office",将弹出子菜单,如图 3 - 1 所示。鼠标移动到子菜单中的"Microsoft Word 2010",单击即可启动。

图 3 - 1　"Microsoft Office"子菜单

（2）用桌面快捷方式启动。双击桌面上的"Microsoft Word 2010"应用程序快捷方式图标,可快速地启动 Word 2010。

（3）打开 Word 文档启动。由于应用程序与文档之间的关联性,当用户在打开 Word 2010 文档时,系统会自动启动 Microsoft Word 2010,并打开该文档。

2. 退出 Word 2010

如果要退出 Word 2010 应用程序,可使用下列几种方法:

（1）单击"文件"选项卡,从弹出的下拉菜单中选择"退出"命令。

（2）单击标题栏右侧的"关闭"按钮 ⊠ 。

（3）双击标题栏中的"控制菜单"图标 W 。

（4）使用"Alt + F4"组合键。

二、Word 2010 的窗口

启动 Word 2010 应用程序后,就进入其工作窗口,如图 3 - 2 所示。该窗口包括快速访问工具栏、标题栏、功能区、文档编辑区和状态栏等几个部分。

图 3 - 2　Word 2010 的工作窗口

1. 快速访问工具栏

快速访问工具栏主要放置了一些在编辑文档时使用频率较高的命令,包括"保存""撤销""恢复""快速打印"等按钮,便于用户的操作。

2. 标题栏

标题栏位于 Word 工作窗口的上方,其中显示了当前正在编辑的文件名、程序名,标题栏右侧为"最小化"按钮 ⊟ 、"最大化"按钮 ▢ 、"还原"按钮 ▢ 和"关闭"按钮 ⊠ 。利用标题栏可以对窗口进行最小化、最大化、还原、移动、关闭等操作。

3. 控制菜单图标

该图标位于窗口的左上角,单击该图标,会打开一个窗口控制菜单,通过该菜单可执行还原、最大化、最小化和关闭窗口等操作。

4. 功能区

Word 2010 的大部分功能命令都分类放置在功能区的各个选项卡中,如"文件""开始""插入""页面布局"等选项卡。每一个选项卡中的命令又被分为若干个组,如单击"开始"选项卡会显示该选项卡中的几个分组,如图 3 - 3 所示。要执行某个命令,需要先单击该命令所在的选项卡标签切换到对应的功能区,然后再单击要执行的命令按钮。有些分组的右下角还有对话框启动器,单击对话框启动器可以打开对话框进行设置。

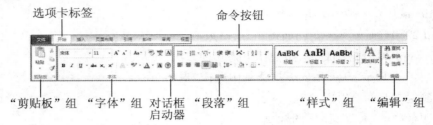

选项卡标签　　　　　　　　　命令按钮

"剪贴板"组　"字体"组　对话框　"段落"组　　　"样式"组　　"编辑"组
　　　　　　　　　　　启动器

图 3 - 3　"开始"选项卡的功能区

5. 标尺

标尺分为水平标尺和垂直标尺,用于确定文档内容在纸张中的位置。用户可以通过单击垂直滚动条上方的"标尺"按钮,显示或隐藏标尺。

6. 文档编辑区

文档编辑区显示了当前正在编辑的文档内容,用户可以在其中输入文本、插入表格和图片,进行编辑、格式设置和排版等。编辑区中有一个不停闪动的光标,称为插入符,用于指示当前的编辑位置。

7. 滚动条

当文档页面不能在文档编辑区完全显示时,会自动出现相应的滚动条。通过拖动滚动滑块、单击滚动条两端的滚动箭头按钮,可以将编辑区以外的内容移动到编辑区中。

8. 状态栏

状态栏位于 Word 2010 窗口的底部,用来显示 Word 文档当前的相关信息。

9. 视图切换按钮

位于状态栏的右侧,有 5 个视图切换按钮,分别是"页面视图"按钮、"阅读版式视图"按钮、"Web 版式视图"按钮、"大纲视图"按钮和"草稿"按钮,单击相应的按钮可以在不同的视图模式中切换显示。

10. 显示比例工具

位于视图切换按钮的右侧,由缩放滑块、"放大"按钮和"缩小"按钮组成,通过它可以缩放文档的显示比例。

三、视图方式

视图是指文档在屏幕上的显示方式,它不影响输出的效果。Word 2010 提供了 5 种视图方式,即页面视图、阅读版式视图、Web 版式视图、大纲视图和草稿视图。用户可以根据需要从"视图"选项卡的"文档视图"组中选择,或单击状态栏右侧的视图按钮进行选择。

1. 页面视图

页面视图是 Word 2010 默认的视图方式,也是最常用的一种视图方式。它是按文档的实际打印效果显示的,在其中可以看到文档的外观、图形、页眉和页脚等,使用它可以预览文档效果。

2. 阅读版式视图

阅读版式视图是一种适合阅读的文档显示方式,不能对文档进行编辑,但可以对文档进行突出显示文本、批注、保存、预览和打印等处理。单击窗口右上角的"关闭"按钮可以退出阅读版式视图。

3. Web 版式视图

Web 版式视图主要用于观看文档在 IE 浏览器中的显示效果,不显示文档的分页、页眉和页脚等。如果文档需要发布到网络上,可以使用该视图方式。

4.大纲视图

大纲视图中,能分级显示文档的各级标题,使文档结构清晰,可以通过折叠和扩展的方式查看文档。还可以通过拖动标题来移动、复制和重新组织文本,使得文档的编辑更加方便。这种视图适合处理层次较多、篇幅较长的文档。

5.草稿视图

草稿视图以草稿的形式来显示文档,不显示文档中的图片、页眉、页脚等内容,便于用户针对文档内容进行快速地浏览和编辑。

第二节　文档的基本操作

使用 Word 2010 最基本的操作就是创建文档、编辑文档、保存文档和关闭文档等。新建一个 Word 2010 文档就是生成一个扩展名为 docx 的文件。

一、创建文档

1.创建空白文档

启动 Word 2010 后,系统将默认新建一个名为"文档1"的空白文档。在 Word 2010 窗口中,用户要新建空白文档,常用以下两种方法:

(1)单击快速访问工具栏中的"新建"按钮，可直接创建一个空白文档。

(2)单击"文件"选项卡,在弹出的菜单中选择"新建"命令,即可显示"可用模板"和"Office.com"模板,如图 3-4 所示。默认选择"空白文档",直接单击右侧的"创建"按钮,即可新建一个空白文档。

图 3-4　用"新建"命令新建文档

2.使用模板创建

Word 2010 提供了多种模板样式,用户可以根据需要选择相应的模板,方便地创建出具有专业外观的文档。在图 3-4 所示的"新建"窗口中,在"可用模板"中选择某一模板后,单击"创建"按钮新建文档;或在"Office.com"模板中选择某一模板,单击"下载"按钮从网上下载并新建文档。

二、保存文档

在创建文档后,需要将其保存起来以便下次使用。保存文档的具体步骤如下:

(1)选择"文件"选项卡,在弹出的下拉菜单中选择"保存"命令,或者单击快速访问工具栏中的"保存"按钮 📄,弹出如图 3 - 5 所示的"另存为"对话框。

图 3 - 5 "另存为"对话框

　　(2)在"文件名"文本框中输入文档的名称,在"保存类型"下拉列表中选择要保存的文件类型。
　　(3)单击"保存"按钮。

　　另外,Word 2010 还具有自动恢复的功能,可以设置一个固定的时间间隔来自动保存文档副本,减少因突然断电等原因造成的数据丢失。具体设置方法如下:

　　单击"文件"选项卡,从弹出的菜单中选择"选项"命令,打开"Word 选项"对话框,单击左侧列表中的"保存"选项,如图 3 - 6 所示。选中"保存自动恢复信息时间间隔"和"如果我没保存就关闭,请保留上次自动保留的版本"复选框,并在时间微调框中设置间隔时间,单击"确定"按钮。

图 3 - 6 "Word 选项"对话框

　　设置自动恢复功能后,当 Word 2010 发生意外关闭时,下次启动时,在文档窗口左侧会出现"文档恢复"窗格,并显示出自动保存的文档列表,用户可选择文档将其打开,并继续编辑。

三、打开和关闭文档

1. 打开文档

要查看或编辑已有的文档,首先要打开它。打开文档的具体操作步骤如下:

（1）单击"文件"选项卡，在弹出的下拉菜单中选择"打开"命令，或直接单击快速访问工具栏中的"打开"按钮 ，弹出"打开"对话框，如图 3 - 7 所示。

图 3 - 7　"打开"对话框

（2）在左窗格中选择文档所在的位置。

（3）在右窗格中选择要打开的文档，若需同时打开多个文档可按住"Ctrl"键或"Shift"键进行选择，选择后单击"打开"按钮，即可打开选择的文档。

2. 关闭文档

若要关闭当前打开的文档，可单击"文件"选项卡，从弹出的下拉菜单中选择"关闭"命令。

第三节　文档的编辑

编辑文档包括输入文本、选择文本、复制/移动文本、改写/删除文本、撤销/恢复文本和查找/替换文本等多方面的内容。

一、输入文本

输入文本的方式有键盘输入、手写识别、语音输入、粘贴文本等，但使用最多的是用键盘输入。

1. 用键盘输入文本

创建或打开一个文档，选择需要的输入法后，可以在光标位置直接输入文本，输入过程中可根据文本内容切换不同的输入法进行输入。当输入满一行后，Word 会自动另起一行继续输入。如果要分段，可按回车键另起一段继续输入，回车后会出现一个段落标记"↵"，段落标记在打印输出时不显示。

输入过程中，如果出现错误字符可按"←"键删除错误的字符，并键入正确的字符。如果要在文本之间插入内容，可以在要插入的位置单击鼠标左键，将光标定位到该位置再进行输入。输入文本时默认为"插入"方式，状态栏显示"插入"。若设为"改写"方式，则输入的文本会自动覆盖后面的文本。单击状态栏中的"插入"/"改写"按钮，或按键盘上的"Insert"键，可以在"插入"和"改写"之间进行切换。

2. 输入符号

输入的内容除了汉字、英文和键盘上已有的符号之外，还经常有一些其他符号，对于这些符号，可通过 Word 2010 的插入符号功能来完成。

插入符号的具体操作步骤如下：

（1）单击"插入"选项卡"符号"组中的"符号"下拉按钮，从弹出的列表中选择"其他符号"选项，打开"符号"对话框，如图 3 - 8 所示。

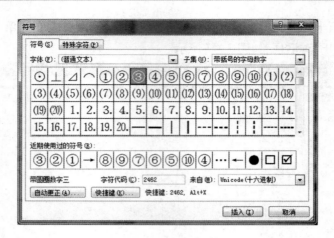

图3-8 "符号"对话框

（2）在"符号"或"特殊字符"选项卡中选择要插入的符号,单击"插入"按钮或双击该符号,即可在光标位置插入。

3. 插入日期和时间

单击"插入"选项卡"文本"组中的"日期和时间"按钮,打开"日期和时间"对话框,如图3-9所示。在"可用格式"列表框中选择需要的日期格式,单击"确定"按钮。

图3-9 "日期和时间"对话框

二、选择文本

在对文本进行编辑时,经常需要对文本进行复制、移动和删除等操作,进行这些操作前首先要选定相应的文本对象。Word 2010 提供了多种选择文本的方法,但常用以下方法进行选择。

1. 选择任意文本

从要选择文本的开始位置拖动鼠标至要选择文本的结束位置,释放鼠标,则文本被选中,背景呈浅蓝色。

2. 选择一个词

直接双击要选择的词即可选择该词。

3. 选择一句

按住键盘上的"Ctrl"键,在该句的任意位置单击鼠标左键。

4. 选择一段

将光标定位到该段中的任意位置,然后三击鼠标左键(连续单击鼠标左键3次)。

5. 选择大块文本

单击要选定文本的起始处,移动鼠标指针到选定内容的结尾处,按住"Shift"键,再单击鼠标左键。

6. 选择整篇文档

直接按键盘组合键"Ctrl + A",或单击"开始"选项卡"编辑"组中的"选择"下拉按钮 ![选择],从中选择

"全选"命令。

7．选择一段垂直文本

按住"Alt"键，然后拖动鼠标选定文本。

8．间断选择多处文本

先选择一块文本，再按住键盘上的"Ctrl"键，拖动选择其他的文本。

9．选择一行、多行、一段或整篇文档

将光标移动到该行左侧，当光标变成 ⤢ 形状时，直接单击选定该行，拖动选择多行，双击选定该段，三击（或按住"Ctrl"键单击）选定整篇文档。

三、复制、移动和删除文本

文本编辑时，经常需要将文档中的内容复制或移动到其他地方去。在 Word 2010 中，可通过"剪贴板"完成这些操作。

1．复制文本

（1）选定需要复制的文本，单击"开始"选项卡"剪贴板"组中的"复制"按钮▣，或直接按组合键"Ctrl＋C"，将所选内容复制到剪贴板中。

（2）将光标定位到要复制的位置，单击"开始"选项卡"剪贴板"组中的"粘贴"按钮▣，或直接按组合键"Ctrl＋V"完成操作。剪贴板内容可以多次粘贴。

近距离文本复制时，也可将光标移动到选择的文本内，按住"Ctrl"键直接拖动鼠标到目标位置。

2．移动文本

（1）选定要移动的文本内容，单击"开始"选项卡"剪贴板"组中的"剪切"按钮✂，或按直接按组合键"Ctrl＋X"，将所选内容放入剪贴板中，原位置内容被删除。

（2）将光标定位到要移动的位置，单击"开始"选项卡"剪贴板"组中的"粘贴"按钮▣，或直接按组合键"Ctrl＋V"完成操作。剪贴板内容也可以多次粘贴。

近距离文本移动时，可将光标移动到选择的文本内，按住鼠标左键直接拖动到目标位置。

3．删除文本

选定要删除的文本内容，直接按键盘"Delete"键或"←"键，则所选内容被删除。

复制或移动文本，也可使用右键快捷菜单完成。

四、撤销与恢复操作

在文档编辑过程中，Word 2010 自动记录用户本次所执行的操作，并可撤销和恢复执行过的操作。

1．撤消操作

在文档编辑过程中，可以进行撤销操作。

单击快速访问工具栏中的"撤销"按钮↺，即可撤销前面执行的操作，每单击一次可往前撤销一步。若要一次撤销多步操作，可单击"撤销"按钮右侧的下拉按钮▾，在弹出的下拉列表中进行选择，如图 3－10 所示。

图 3－10 撤消操作

2. 恢复操作

恢复操作与撤销操作正好相反,使用快速访问工具栏中的"恢复"按钮 ，即可恢复上步的撤销操作,每单击一次可往后恢复一步。

五、查找、替换与定位文本

利用 Word 2010 的查找和替换功能,能够迅速找到指定的文本,或用新的文本去替换这些文本。

1. 查找文本

Word 2010 可以对当前文档中的任意字符进行查找。具体操作步骤如下:

(1)单击"开始"选项卡"编辑"组中的"查找"按钮 ，打开"导航"窗格,如图 3-11 所示。

(2)在"导航"窗格中输入要查找的文本,会自动将查找的结果列表显示在"导航"栏中,同时编辑区中找到的文本以黄色背景显示。单击"导航"栏中的列表,可以切换到不同位置的文本。

(3)单击"导航"栏右上角的"关闭"按钮 ，退出查找。

图 3-11 "导航"窗格

2. 替换文本

(1)单击"开始"选项卡"编辑"组中的"替换"按钮 ，打开"查找和替换"对话框,默认显示"替换"选项卡。在"查找内容"下拉列表框中输入要查找的内容,在"替换为"下拉列表框中输入要替换的内容,如图 3-12 所示。

图 3-12 "替换"选项卡

(2)单击"查找下一处",找到的文本被选中,单击"替换"按钮,则 Word 将把找到的文本替换掉,并自动查找并选中下一处。如果要继续替换,可再次单击"替换"按钮;如果不替换,可单击"查找下一处"按钮,则跳过并自动查找下一处。如果单击"全部替换"按钮,则整个文档中查找到的文本全部被替换。

(3)替换完成后,单击"关闭"按钮 。

3. 定位文本

使用"定位"命令可以快速定位到要查找的页、节、行等。

(1)单击"开始"选项卡"编辑"组中的"查找"下拉按钮 ，从弹出的列表中选择"转到"命令,打开"查找和替换"对话框,默认显示"定位"选项卡,如图 3-13 所示。

图 3 - 13 "定位"选项卡

（2）在"定位目标"列表框中选择要定位的目标。例如,选择"页"选项,在"输入页号"文本框中输入"10",单击"定位"按钮,则页面自动跳转到第 10 页。

（3）单击"关闭"按钮,退出对话框。

六、拆分窗口编辑

在编辑较长文档时,为便于前后对照,可使用拆分窗口编辑。拆分窗口有以下两种方法。

1. 拖动拆分窗口

用鼠标拖动窗口垂直滚动条上方的窗口拆分条 ,拖动到窗口中需要的位置释放鼠标,窗口即被拆分为两个窗口,如图 3 - 14 所示。拖动拆分线到工作区之外则可恢复一个窗口状态。

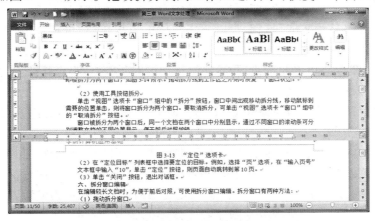

图 3 - 14 拆分窗口

2. 使用工具按钮拆分

单击"视图"选项卡"窗口"组中的"拆分"按钮,窗口中间出现移动拆分线,移动鼠标到需要的位置单击,则将窗口拆分为两个窗口。要取消拆分,可单击"视图"选项卡"窗口"组中的"取消拆分"按钮。

窗口被拆分为两个窗口后,同一个文档在两个窗口中分别显示,通过不同窗口的滚动条可分别调整文档的不同位置显示,便于前后对照编辑。

第四节　文档格式的设置

Word 2010 可以方便地设置文档的各种格式,如字体格式（如字体、字号）、段落格式（如段间距、缩进）等,合理的设置可以使文档变得美观,增强可读性。

一、设置字符格式

字符格式化是指对字符（包括文字、数字、标点及特殊符号等）进行字体、字号、字形、颜色、间距和效果等设置。选择文本后,可以使用以下方法进行设置。

1. 使用"字体"组

使用"开始"选项卡"字体"组中的命令按钮,可以方便地进行文本格式的设置,如图3-15所示。

图3-15 "字体"组

选定要设置格式的文本后,根据需要单击"字体"组中的按钮即可,不同类型的格式可以在文本上叠加。常用的文本格式按钮功能和使用方法如下:

(1)"字体"下拉列表框 宋体 。单击右侧的下拉按钮,在展开的列表中可为文本选择字体,如"仿宋"。

(2)"字号"下拉列表框 五号 。单击右侧下拉按钮,在展开的列表中可为文本选择字号,如"四号"。

(3)"字体颜色"按钮 A 。单击右侧的下拉按钮,在展开的列表中可为文本设置颜色,如"红色"。

(4)"下划线"按钮 U 。单击右侧的下拉按钮,在展开的列表中可为文本添加不同的下划线,如"波浪线"。

(5)"加粗"按钮 B 、"倾斜"按钮 I 、"删除线"按钮 abc 、"下标"按钮 x 、"上标"按钮 x 、"字符边框"按钮 A 、"增大字符"按钮 A 、"缩小字符"按钮 A 、"字符底纹"按钮 A 。单击相应的按钮,可为选择的文本设置对应的效果。

(6)"以不同颜色突出显示文本"按钮 。单击右侧的下拉按钮,可在弹出的列表中设置所选文本的背景颜色,从而突出显示文本。

(7)"清除格式"按钮 。单击此按钮,则清除所选文本的所有格式,将其恢复为系统默认的格式。

2. 使用"字体"对话框

使用"字体"对话框可以一次完成多种格式的设置。使用"字体"对话框设置字符格式的操作步骤如下:

(1)选择要设置格式的文本。

(2)单击"开始"选项卡"字体"组中的对话框启动器,弹出"字体"对话框,如图3-16所示。在对话框中可以根据需要设置文本的字体、字形、字号、颜色、下划线和各种效果。在对话框的字体设置中,"中文字体"和"西文字体"可以设置为不同的字体格式,使文本的格式变得更为灵活。

图3-16 "字体"对话框

(3)单击打开"高级"选项卡,如图3-17所示。在"缩放"下拉列表中可以选择字符的缩放比例;在"间距"下位列表中可以选择"加宽""紧缩"或"标准",并在后面的微调框中设置需要的磅值;在"位置"下拉列表中可以选择"提升""降低"或"标准",并在后面的微调框中设置需要的磅值。

(4)设置完成后单击"确定"按钮。

图 3 - 17　"高级"选项卡

3.使用右键快捷菜单和浮动工具栏

选择要设置的文本后,单击鼠标右键,弹出右键快捷菜单和浮动工具栏,如图 3 - 18 所示。可直接单击浮动工具栏按钮进行格式设置,或单击快捷菜单中的"字体"命令,在弹出的"字体"对话框中设置。

图 3 - 18 快捷菜单和浮动工具栏

4.使用"格式刷"工具

对于已经设置好格式的文本,可以使用"格式刷"按钮将所有格式复制下来,应用到其他文本中。

用"格式刷"按钮设置格式的具体方法如下:

选定已经设置格式的部分文本,单击(只能应用一次)或双击(可多次应用)"开始"选项卡"剪贴板"组中的"格式刷"按钮,光标移动到编辑区后变为刷子形状,在要应用格式的文本上直接拖动鼠标即可。要取消"格式刷"状态,可按"ESC"键或再次单击"格式刷"按钮。

二、段落格式

文档中一般有多个段落,每段后面有一个段落标记"↵"。如果删除段落标记,下一段文字就会连接到上一段文字之后,成为该段的一部分。当按回车键生成新的段落时,新的段落格式与上一段落相同。

段落的排版包括段落的缩进、对齐方式、段间距、行间距等。选择段落后,可以使用以下方法进行设置。

1. 使用水平标尺

Word 的水平标尺上有 4 个缩进标记滑块:首行缩进、悬挂缩进、左缩进和右缩进,如图 3 – 19 所示。不同缩进的意义如下:

首行缩进:每段第一行往页面中间缩进,其他行不缩进。

悬挂缩进:每段除第一行外,其他行往页面中间缩进。

左缩进:整个段落的左侧往页面中间缩进。

右缩进:整个段落的右侧往页面中间缩进。

选定要调整的段落,在水平标尺中拖动相应的滑块到所需位置,即可改变段落的缩进。

图 3 – 19 水平标尺和缩进标记

2. 使用"段落"组

使用"开始"选项卡"段落"组(图 3 – 20)或"页面布局"选项卡"段落"组(图 3 – 21)中的命令按钮或微调框,可以方便地进行段落格式的设置。

图 3 – 20 "开始"选项卡"段落"组　　**图 3 – 21 "页面布局"选项卡"段落"组**

常用的段落格式按钮的功能和使用方法如下:

(1)"减少缩进量"按钮、"增加缩进量"按钮。单击可以减少或增加所选定段落往页面中间的缩进量。

(2)"文本左对齐"按钮、"居中"按钮、"文本右对齐"按钮、"两端对齐"按钮、"分散对齐"按钮。单击对应的按钮可使所选定的段落按指定方式对齐。其中"两端对齐"为段落的默认对齐方式。

(3)"行和段落间距"按钮。单击可展开下拉列表,如图 3 – 22 所示。选择列表中的数据,可以直接调整所选段落的每行之间的距离,即行距,如选择"1.5",表示 1.5 倍行距;单击"行距选项",可以打开"段落"对话框进行行距的设置;单击"增加段前间距"或"增加段后间距",可以增加所选段落每段的前面或后面与其他段落之间的距离。

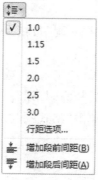

图 3 – 22 "行和段落间距"下拉列表

(4)"左缩进"微调框　　　　和"右缩进"微调框　　　　。在微调框中设置数值,可以调整段落的左缩进或右缩进。

(5)"段前间距"微调框　　　　和"段后间距"微调框　　　　。在微调框中设置数值,可以调整段落的段前或段后间距。

3.使用"段落"对话框

使用"段落"对话框设置段落格式的操作步骤如下:

(1)选择要设置格式的段落。

(2)可以使用"开始"选项卡"段落"组的对话框启动器、"页面布局"选项卡"段落"组中的对话框启动器或右键快捷菜单的"段落"命令,弹出"段落"对话框,如图3-23所示。

图 3-23　"段落"对话框

(3)在对话框中的"常规"选项区的"对齐方式"下拉列表中选择需要的对齐方式,如选择"居中",则段落居中对齐。

(4)在"缩进"选项区的"左侧"微调框中可设置左缩进值,"右侧"微调框中可设置右缩进值。

(5)在"特殊格式"选项区中选择"首行缩进"或"悬挂缩进",再在后面的"磅值"微调框中设置缩进值。

(6)在"间距"选项区的"段前"和"段后"微调框中设置数值,可改变选择段落的每段前后与其他段落的距离。

(7)在"行距"选项区中可选择"单倍行距"、"1.5倍行距""双倍行距""最小值""固定值"和"多倍行距"。若选择"固定值"和"多倍行距",则可以在后面的"设置值"微调框中设置具体的数值。

(8)设置完成后,单击"确定"按钮,则完成所有设置。

4.复制段落格式

"格式刷"工具 既能复制字符格式,也能复制段落格式。复制段落格式的操作步骤如下:

(1)将光标置于已设置格式的段落中的任意位置。

(2)单击或双击"开始"选项卡"剪贴板"组中的"格式刷"按钮 ,鼠标指针在编辑区变为刷子形状。

(3)单击目标段落中的任意位置,则已设置段落的格式应用到该段落中。要取消"格式刷"状态,可按"ESC"键或再次单击"格式刷"按钮 。

三、项目符号和编号

项目符号用于表示段落内容的并列关系,编号用于表示段落内容的顺序关系,合理地应用项目和编号可以使文档更具有条理性。

段落添加项目符号或编号的方法如下：

（1）选定要添加项目符号或编号的段落。

（2）单击"开始"选项卡"段落"组中的"项目符号"按钮 ⠿，即可在所选段落的每段前添加项目符号。若需其他项目符号，可单击"项目符号"按钮右侧的下拉按钮，从弹出的列表中选择其他项目符号或自定义项目符号。

（3）单击"编号"按钮 ⠿，即可在所选段落的每段前添加编号。若需其他编号，可单击"编号"按钮右侧的下拉按钮，从弹出的列表中选择其他编号或自定义编号。

删除项目符号或编号的方法如下：

（1）选中已添加了项目符号或编号的段落。

（2）单击"开始"选项卡"段落"组中的"项目符号"按钮 ⠿ 右侧的下拉按钮或"编号"按钮 ⠿ 右侧的下拉按钮，从弹出的列表中选择"无"。

也可以将光标定位到项目符号或编号后面，按"Back Space"键直接删除该段落的项目符号或编号。若删除的不是最后一个编号，则后面的段落编号会自动重新编号。

在有项目符号或编号的段落按回车键另起一段时，会自动产生项目符号或编号。若新段落不需要项目符号或编号，可按"Back Space"键或回车键取消。

四、添加边框和底纹

边框和底纹是美化文档的一种重要方式。在 Word 2010 中，不仅还可以为文字添加边框和底纹，还可以为段落或页面添加边框和底纹。

1. 文本添加边框和底纹

通过"开始"选项卡"字体"组的"字符边框"按钮 ⒜，可以为文本添加或取消黑色单线边框；"字符底纹"按钮 ⒜ 可以为文本添加或取消灰色底纹。若需改变边框线条、颜色和底纹的颜色，就要使用"边框和底纹"对话框进行设置。其具体操作步骤如下：

（1）选择要添加边框和底纹的文本。

（2）单击"开始"选项卡"段落"组中"下框线"按钮 ⊞ 右侧的下拉按钮，在弹出的列表中选择"边框和底纹"选项，打开"边框和底纹"对话框，如图 3 – 24 所示。

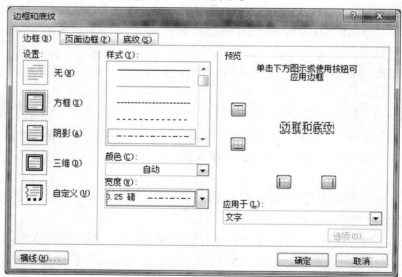

图 3 – 24　"边框和底纹"对话框

（3）在"边框"选项卡的"设置"区选择要设置的边框类型，并选择线条的样式、颜色和宽度。

（4）单击"底纹"选项卡，在"填充"区选择需要的颜色，在"图案"区选择图案的样式和颜色，如图 3 – 25所示。

图 3 – 25 "底纹"选项卡

（5）单击"确定"按钮完成设置。

也可单击"段落"选项卡的"底纹"下拉按钮 ，从弹出的列表中选择所需要的底纹。

若要取消文本的边框和底纹，可选择要取消边框和底纹的文本，在"边框"对话框"设置"区中选择"无"，在"底纹"对话框"填充"区选择"无颜色""图案"区选择"清除"。

2. 段落添加边框和底纹

为段落添加边框和底纹与文字添加边框和底纹的方法类似，其具体操作步骤如下：

（1）选择要添加边框和底纹的段落，打开"边框和底纹"对话框（见图 3 – 24）。

（2）在"边框"选项卡中的设置的边框类型、线条的样式、颜色和宽度，并在"应用于"选区中选择"段落"。

（3）在"底纹"选项卡（见图 3 – 25）中设置填充颜色及图案的样式和颜色，并在"应用于"选区中选择"段落"。

（4）单击"确定"按钮完成设置。

取消段落边框和底纹的方法与取消文本边框和底纹的方法一致。

第五节　表格的使用

Word 2010 提供了较强的表格处理功能，不仅可以快速地创建表格，对表格进行编辑、修改和格式化处理，而且还提供了表格与文本间的相互转换，以及对表格中的数据进行排序和简单的计算等功能，使表格的制作和排版变得简单。

一、创建表格

表格由行和列组成，行和列交叉形成的矩形框称为单元格，单元格是表格的基本组成单位。在 Word 2010 中可以使用表格网络、"插入表格"对话框、"绘制表格"工具和表格模板来创建表格。

1. 使用表格网络

如果要插入的表格不超过 10 列 ×8 行，可以使用表格网络快速地创建表格。其具体操作步骤如下：

（1）将光标定位于要创建表格的位置。

（2）单击"插入"选项卡"表格"组中的"表格"按钮，弹出如图 3 – 26 所示的"表格"下拉列表。

（3）鼠标在表格网络上移动到需要的列数和行数（如图中"7×5"为7列5行的表格），单击左键则自动插入到文档中。

2. 使用"插入表格"对话框

（1）将光标定位于要创建表格的位置。

（2）在图3-26所示的"表格"下拉列表中，选择"插入表格"命令，弹出如图3-27所示的"插入表格"对话框。

图3-26 "表格"下拉列表

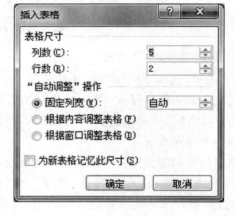

图3-27 "插入表格"对话框

（3）在"插入表格"对话框中设置列数和行数，并选择需要的选项。

（4）单击"确定"按钮完成表格插入。

3. 使用"绘制表格"工具

Word 2010 提供的"绘制表格"工具，可以很方便地拖动鼠标画出需要的表格。绘制表格的具体操作步骤如下：

（1）单击图3-26"表格"下拉列表中的"绘制表格"命令，或快捷工具栏中的"绘制表格"命令，移动鼠标指针到编辑区变为铅笔形状，这时可以画出表格线。

（2）先拖动绘制出表格的矩形外框，再拖动画出内部的表格线，如图3-28所示。

（3）绘制完成后按"ESC"键或再次单击"绘制表格"按钮，退出绘制表格状态。

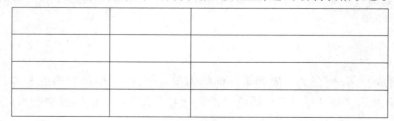

图3-28 用"绘制表格"工具画出表格

4. 使用表格模板

Word 2010 中可以使用系统内置的表格模板插入设置好的表格。其具体操作步骤如下：

（1）将光标定位于要插入表格的位置。

（2）打开图3-26所示的"表格"下拉列表，鼠标指针移动到"快速表格"选项，弹出"快速表格"模板，如图3-29所示。

图 3 – 29　用内置表格模板创建表格

（3）单击需要的模板,则自动插入到文档中。

二、修改表格结构

为了使表格满足用户实际的需要,Word 2010 提供了多种修改表格的方法。表格的修改主要包括表格的调整、插入单元格、删除单元格、插入行或列、删除行或列、合并或拆分单元格等。

当光标定位到表格后,会自动出现"表格工具",包括"设计"和"布局"两个选项卡,修改表格主要是通过"布局"选项卡来完成,如图 3 – 30 所示。

图 3 – 30　"布局"选项卡

（一）选定表格

对表格的一部分或整个表格进行操作时,首先要进行选择。

1. 选定单元格

方法 1:鼠标指针移动到要选择的单元格的左下角,鼠标指针变为指向右上方的黑色箭头 ↗,单击即可选定该单元格,拖动选定多个单元格。

方法 2:光标定位到要选择的单元格,单击"布局"选项卡"表"组中的"选择"按钮,在弹出的列表中单击"选择单元格"命令。

方法 3:在表格上单击鼠标右键,从弹出的快捷菜单中单击"选择"→"单元格"命令。

2. 选定行

方法 1:鼠标指针移动到要选择的行的左边框外,鼠标指针变为指向右上方的白色箭头 ◹,单击即可选定该行,拖动选定多行。

方法 2:光标定位到要选择行的任意单元格,单击"布局"选项卡"表"组中的"选择"按钮,在弹出的列表中单击"选择行"命令。

方法 3:在要选择的行上单击鼠标右键,从弹出的快捷菜单中单击"选择"→"行"命令。

3. 选定列

方法 1:鼠标指针移动到要选择的列的上边框外,鼠标指针变为指向向下的黑色箭头 ↓,单击即可选定该列,拖动选定多列。

方法 2:光标定位到要选择列的任意单元格,单击"布局"选项卡"表"组中的"选择"按钮,在弹出的列表中单击"选择列"命令。

方法3：在要选择的列上单击鼠标右键，从弹出的快捷菜单中单击"选择"→"列"命令。

4. 选定相邻的多个单元格

方法1：从要选择的第一个单元格拖动鼠标到最后一个单元格，然后释放鼠标。

方法2：单击第一个单元格，按住"Shift"键，再单击最后一个单元格。

5. 选定不相邻的多个单元格、行或列

先选定一个单元格（行或列），按住"Ctrl"键再单击或拖动选择其他单元格（行或列）。

6. 选定整个表格

方法1：光标定位到表格任意单元格中，表格左上角出现移动表格标记田，单击该标记即可选中整个表格。

方法2：光标定位到表格任意单元格中，单击"布局"选项卡"表"组中的"选择"按钮，在弹出的列表中单击"选择表格"命令。

方法3：在表格上单击鼠标右键，从弹出的快捷菜单中单击"选择"→"表格"命令。

（二）插入和删除行或列

1. 插入行或列

方法1：光标定位到要插入的行或列中的任意单元格，在"布局"选项卡"行和列"组中单击"在上方插入""在下方插入"按钮可插入行；单击"在左侧插入""在右侧插入"按钮可插入列。

方法2：光标定位到要插入的行或列中的任意单元格，单击鼠标右键，从快捷菜单的"插入"子菜单中选择插入选项。

2. 删除行或列

光标定位到要插入的行或列中的任意单元格，在"布局"选项卡"行和列"组中单击"删除"按钮，从弹出的列表中选择"删除行""删除列"选项。

插入和删除单元格容易破坏表格的整体外观，一般较少使用。

（三）合并和拆分表格或单元格

1. 合并表格

若要合并上下两个表格，只要删除两个表格之间的内容和段落标记即可。

2. 拆分表格

拆分表格就是把一个表格拆分为两个表格。

将光标定位到要拆分行的任意单元格，单击"布局"选项卡"合并"组中的"拆分表格"命令，即可将一个表格拆分为上、下两个表格。

3. 合并单元格

合并单元格就是将相邻的多个单元格合并为一个单元格。

选择要合并的多个单元格，单击"布局"选项卡"合并"组中的"合并单元格"按钮，或从右键快捷菜单中选择"合并单元格"命令，即可将多个单元格合并为一个单元格。例如：将4个单元格合并为1个单元格，合并后效果如图3-31所示。

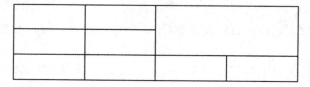

图3-31 合并单元格效果

4. 拆分单元格

拆分单元格是将一个单元格拆分成多个单元格。其具体操作步骤如下：

（1）将光标定位于要拆分的单元格。

（2）单击"布局"选项卡"合并"组中的"拆分单元格"按钮，或从右键快捷菜单中选择"拆分单元格"命令，弹出如图3-32所示的"拆分单元格"对话框。

图 3 - 32 　"拆分单元格"对话框

（3）在"拆分单元格"对话框中设置要拆分的行数与列数。

（4）单击"确定"按钮,即可将 1 个单元格拆分为多个单元格。例如:将 1 个单元拆分为 4 个单元格,拆分后效果如图 3 - 33 所示。

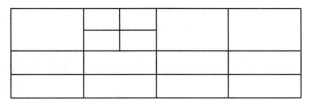

图 3 - 33 　拆分单元格效果

三、调整表格尺寸

调整表格尺寸包括对表格内的行高、列宽的调整,以及整个表格大小的调整。根据表格内容和版面的整体需要,合理的对表格进行调整,可以使表格更加美观、实用。

（一）调整行高或列宽

1. 使用鼠标拖动

将鼠标指针移动到要调整的行或列的边框线上,在鼠标指针变为 ↕ 或 ↔ 形状时,按住鼠标左键沿指针箭头方向拖动边框线,拖动时屏幕上会出现一条水平或垂直的虚线,到所需的位置后释放鼠标即可。若需更精确的调整,可按住"Alt"键的同时拖动鼠标,标尺上会显示单元格对应数值。

2. 使用标尺调整

使用标尺调整行高成列宽,具体的操作步骤如下:

（1）将光标置于表格的任意单元格。

（2）移动鼠标指针到表格线对应的垂直标尺或水平标尺的标记位置,鼠标指针变为对应的双向箭头。

（3）拖动（或按住"Alt"键的同时拖动）相应的标记,屏幕上会出现一条水平或垂直的虚线（按住"Alt"键拖动时会同时显示数值）,到合适位置后释放鼠标即可。

3. 自动调整表格尺寸

Word 可以根据内容、页面大小等自动调整表格大小。

（1）自动调整表格。将光标定位到表格内或选定整个表格,单击"布局"选项卡"单元格大小"组中的"自动调整"按钮,在弹出的列表中选择"根据内容自动调整表格"、"根据窗口自动调整表格"或"固定列宽"选项进行自动调整。也可以使用右键快捷菜单"自动调整"子菜单中的相应命令来完成。

（2）平均分布各行或各列。如果要使调整后的多行同高或多列同宽,可选定相应的行或列,单击"布局"选项卡"单元格大小"组中的"分布行"按钮 分布行 或"分布列"按钮 分布列 。也可使用右键快捷菜单中的"平均分布各行"或"平均分布各列"命令。

（二）使用"表格属性"对话框调整

1. 设置表格宽度

将光标定位于表格中,单击"布局"选项卡"表"组中的"属性"按钮或"单元格大小"组中的对话框启动器,或从右键快捷菜单中选择"表格属性"命令,弹出"表格属性"对话框。在对话框的"表格"选项卡中勾选"指定宽度"复选框,并设置宽度值和度量单位,则表格可按指定的宽度调整,如图3-34所示。

图3-34 **"表格属性"对话框**

2.设置行高和列宽

方法1:选择要调整的行或列,在"布局"选项卡"单元格大小"组中的"高度"或"宽度"数值框设置行高或列宽值。

方法2:光标定位于要调整的行中,打开"表格属性"对话框,切换到"行"选项卡,勾选"指定高度"复选框,并在后面的数值框中设置行高值,并在"行高值是"下拉列表中的选择选项。单击"下一行"或"上一行"按钮,对其他行用同样的方法进行设置,如图3-35所示。

图3-35 **设置行高**

在"表格属性"对话框中,切换到"列"选项卡,勾选"指定宽度"复选框,并在后面的数值框中设置列宽值,选择"度量单位"下拉列表中的选项。单击"后一列"或"前一列"按钮,对其他列用同样的方法进行设置,如图3-36所示。

图3-36 **设置列宽**

四、缩放和移动表格

1. 缩放表格

在 word 2010 中,可以直接使用鼠标对表格进行缩放。缩放表格的方法是:将鼠标光标定位到要缩放的表格内,表格右下角会出现一个调整句柄□,将鼠标指针移动到该句柄时,鼠标指针变为斜向的双向箭头↖形状,单击可选定整个表格,按住鼠标左键拖动到合适位置后释放可缩放整个表格。

2. 移动表格

方法 1:将鼠标光标移动到表格内,表格的左上角会出现一个移动表格标记⊞,移动鼠标到该标记指针变为✛形状,单击可选择整个表格,拖动可移动表格位置。

方法 2:选择整个表格,单击"开始"选项卡"剪贴板"组中的"剪切"按钮✂或右键快捷菜单中的"剪切"命令,再将光标定位于要移动的位置,单击"开始"选项卡"剪贴板"组中的"粘贴"按钮📋或右键快捷菜单中的"粘贴"命令,完成表格的移动。

五、表格的文字处理

(一)表格内输入文本

单元格是表格的基本单位,每个单元格都是一个独立的数据单位。表格中输入文本就是在每个单元格中输入文本,其输入方法与文档中输入文本相同。先将光标定位于要输入文本的单元格,然后直接输入,当内容到达单元格的右边界时,会自动换行到下一行。一个单元格输入后,可按"Tab"键将光标移动到下一个单元格继续输入。

(二)设置表格文本的格式

选定表格、行、列或单元格后,同时也选定了其中的文本,设置这些文本格式的方法和正文一致,包括字符格式(字体、字号、颜色、加粗等)和段落格式(缩进、对齐等)。

也可以用拖动的方法选定某个单元格内的部分文本,对其进行各种格式的设置。

(三)设置表格文本的对齐方式

设置单元格的文本对齐方式常有以下方法:

1. 用"开始"选项卡

选定要设置文本对齐方式的单元格,选择"开始"选项卡"段落"组中的"文本左对齐""居中""文本右对齐"或"两端对齐"按钮。

2. 使用"布局"选项卡

选定要设置文本对齐方式的单元格,单击"布局"选项卡"对齐方式"组中的对应按钮,如图 3 - 37 所示。

图 3 - 37 "对齐方式"组

3. 用"表格属性"对话框

用"表格属性"对话框具体操作步骤如下:

(1)选定要设置文本对齐方式的单元格。

(2)打开"表格属性"对话框,选择"单元格"选项卡,如图 3 - 38 所示。

图 3-38　"单元格"选项卡

（3）在"垂直对齐方式"选项区中有"上""居中"和"底端对齐"三种对齐方式，选择所需的对齐方式。

（4）若需设置单元格的边距，可单击"选项"按钮，弹出的"单元格选项"对话框，如图 3-39 所示。在"单元格边距"选项区中取消勾选"与整张表格相同"后，可以改变单元格文字与边框线的上、下、左、右距离，设置完成后单击"确定"按钮。

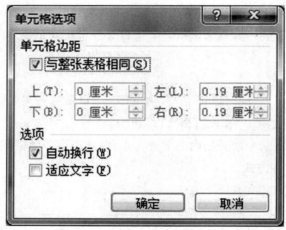

图 3-39　"单元格选项"对话框

（5）单击"确定"按钮关闭"表格属性"对话框。

4. 使用右键快捷菜单

选定要设置文本对齐方式的单元格，单击鼠标右键，从快捷菜单的"单元格对齐方式"列表中选择所需要的对齐方式按钮，如图 3-40 所示。

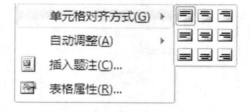

图 3-40　"对齐方式"按钮列表

六、表格的边框和底纹

创建一个表格后，边框线默认为 0.5 磅的单实线，无底纹。用户可以对表格边框线的粗细、线型、颜色等重新进行设置，还可以给表格添加不同的底纹，使表格显示出特殊的效果。

(一)设置边框和底纹

给表格添加边框和底纹常用以下方法。

1. 使用工具按钮

(1)选定要设置边框和底纹的单元格。

(2)单击"设计"选项卡,在"绘图边框"组中的"笔样式""笔划粗细"和"笔颜色"下拉列表中选择边框样式、粗细和颜色,如图 3 - 41 所示。

图 3 - 41 设置边框和底纹

(3)使用"设计"选项卡或"开始"选项卡中的边框下拉按钮□·或"底纹"下拉按钮 底纹·,设置单元格的边框和底纹。

2. 使用"边框和底纹"对话框

(1)选择要设置边框和底纹的单元格或整个表格。

(2)单击"设计"选项卡"绘图边框"组中的对话框启动器,或右键快捷菜单中的"边框和底纹"命令,弹出"边框和底纹"对话框,默认打开"边框"选项卡,如图 3 - 42 所示。

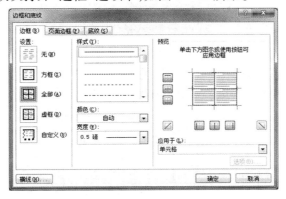

图 3 - 42 "边框和底纹"对话框

(3)在"设置"选项区中选择边框的类型,在"样式"选项区中选择线条的类型,在"颜色"下拉框的选择边框的颜色,在"宽度"下拉框中选择边框的宽度。

(4)在"预览"选项区中单击图示或按钮可应用边框,在"应用于"选项区下拉框中选择"单元格"或"表格"。

(5)单击"确定"按钮。

(二)套用表格样式

Word 2010 提供了许多表格的样式,用户可以根据需要套用所提供的表格样式。其具体操作步骤如下:

(1)光标定位于要设置边框和底纹的表格中。

(2)单击"设计"选项卡。

(3)在"表格格式"选项区的套用格式列表中选择需要的样式,即可应用到所选表格中。

七、表格内数据的处理

1. 表格数据的计算

在 Word 表格中可以对表格中的数值进行一些简单的统计计算,如求和、求平均值、求最大值等。

例如,图3-43所示为学生成绩表,需要对总分进行计算。其具体操作步骤如下:

姓　名	语文	数学	外语	总分
陈　晨	89	92	78	
王丹丽	68	71	81	
江　夏	76	65	88	
李晓斌	62	78	65	
杨洁莉	86	85	93	
赵　威	72	63	75	

图3-43　学生成绩表

(1)将光标定位到存放计算结果的单元格中,如第5列第2行。

(2)单击"布局"选项卡"数据"组中的"公式"按钮,打开"公式"对话框,如图3-44所示。

图3-44　"公式"对话框

(3)在该对话框中,Word会自动根据表中数据位置生成公式,若公式不是所需要的,可从"粘贴函数"下拉列表框中选择需要的函数并编辑公式,然后在"编号格式"下拉列表框中选择需要的数字格式。

(4)单击"确定"按钮,计算的结果就会出现在光标所在的单元格中。

(5)用同样的方法计算其他数据,得到所有结果,如图3-45所示。

姓　名	语文	数学	外语	总分
陈　晨	89	92	78	259
王丹丽	68	71	81	220
江　夏	76	65	88	229
李晓斌	62	78	65	205
杨洁莉	86	85	93	264
赵　威	72	63	75	210

图3-45　计算结果

使用公式计算后,若单元格数据有改动,Word不会自动更新计算结果,可选中计算结果后,按"F9"键重新计算。

可以将上述第一行的计算结果复制到其他行对应位置并选中,按"F9"键重新计算得到所有结果。

本例中的公式"=SUM(LEFT)"含义如下:

=:公式开始符号。

SUM:求和函数。其他常用函数有AVERAGE(求平均值)、MAX(求最大值)、MIN(求最小值)等。

LEFT:左侧所有单元格,为求和的参数。其他常用参数为ABOVE(上方所有单元格)。

另外,还可以使用单元格名称进行计算,有关内容将在下一章Excel中详细介绍。

2.表格数据的排序

排序是将表格中某一列的数据按照一定的规则排列次序,并按排序结果重新组织各行数据在表格中的顺序。排序的依据是标题的名称,称为关键字。在表格中排序的具体操作步骤如下:

（1）将插入点定位到表格内,单击"开始"选项卡"段落"组中的"排序"按钮↓↑,或单击"布局"选项卡"数据"组中的"排序"按钮,打开如图 3 - 46 所示的"排序"对话框。

图 3 - 46　"排序"对话框

（2）在"主要关键字"中选择要排序列的标题名,在"类型"中选择"数字""拼音""笔划""日期"中的一种,选择"升序"或"降序"。

（3）若需选择指定多个列标题作为排序的依据,可以对"次要关键字"和"第三关键字"进行上述设置。

（4）单击"确定"按钮完成排序,如图 3 - 47 所示为对图 3 - 45 所示的成绩表按总分降序排序情况。

姓　名	语文	数学	外语	总分
杨洁莉	86	85	93	264
陈　晨	89	92	78	259
江　夏	76	65	88	229
王丹丽	68	71	81	220
赵　威	72	63	75	210
李晓斌	62	78	65	205

图 3 - 47　按总分降序排序结果

3. 表格转换为文本

如果需要将表格线去掉,只保留其中的文本,可以用表格转换为文本的方法实现。表格转换成文本具体操作步骤如下:

（1）将光标定位于要转换的表格内。

（2）单击"布局"选项卡"数据"组中的"转换为文本"按钮,弹出如图 3 - 48 所示的"表格转换成文本"对话框。

图 3 - 48　"表格转换成文本"对话框

（3）在对话框中选择所需的分隔符，单击"确定"按钮。

4. 标题行重复

当表格超过一页，在下一页显示时无法看到标题行，影响用户查看和编辑表格，可以使用 Word 2010 提供的"标题行重复"功能，使跨页表格的每一页都显示标题行。

使用方法：选定要重复的标题行，单击"布局"选项卡"数据"组中的"重复标题行"按钮，则跨页表格的每一页都出现标题行。若要取消该功能，可再次执行上述操作。

选择"标题行重复"后，修改第一个标题行的内容后，则其他页的标题行会自动更改；在表格中间插入或删除一些行后，表格自动调整，而标题行位置不变。

八、表格、文字混合排版

表格、文字混合排版的具体操作步骤如下：

（1）选中要混合排版的表格，单击"布局"选项卡"表"组中的"属性"按钮，打开"表格属性"对话框，默认显示"表格"选项卡，如图 3 – 49 所示。

图 3 – 49 "表格属性"对话框

（2）在该选项卡中选择合适的对齐方式或文字环绕选项，单击"确定"按钮。如果文字环绕时表格位置不合适，可以用鼠标将其拖动到合适位置。

第六节 图片处理和图文混排

在 Word 文档中可以插入图片、剪贴画、艺术字、自选图形等，插入后还可以进行设置，使文档内容更加丰富，版面更加美观。

一、插入和编辑图片

Word 中的图片主要有两种：Word 自带的剪贴画和来自文件的图片。来自文件的图片包括 bmp、jpeg、gif、png 等多种格式。

1. 插入图片

在 Word 文档中，可以直接将复制或剪切到剪贴板中的图片粘贴到文档中，也可以直接插入图片文件。插入图片文件的具体操作步骤如下：

（1）确定要插入图片的位置。

（2）单击"插入"选项卡"插图"组中的"图片"按钮，打开"插入图片"对话框，如图 3 – 50 所示。

图 3 - 50　"插入图片"对话框

（3）在对话框中选择要插入的图片，单击"插入"按钮或直接双击要插入的图片，即可将图片插入到文档中指定的位置。

2. 插入剪贴画

在文档中插入剪贴画的具体操作步骤如下：

（1）光标定位到要插入剪贴画的位置，单击"插入"选项卡"插图"组中的"剪贴画"按钮，在文档右侧出现"剪贴画"窗格，如图 3 - 51 所示。

（2）在"搜索文字"框中输入在查找的剪贴画类型，如"交通工具"，单击"搜索"按钮，则在列表框中显示搜索到的结果，如图 3 - 52 所示。

图 3 - 51　"剪贴画"窗格　　　　　　　　**图 3 - 52　选择剪贴画**

（3）鼠标移动到要插入的剪贴画上，单击即可将其插入到文档中。

3. 编辑图片

图片插入到文档中后，可以根据需要对图片进行简单的编辑，如移动位置、调整大小以及设置亮度、对比度、阴影等修饰效果。

（1）调整图片大小。单击选中图片后，在功能区自动出现"图片工具"，其中包含"格式"选项卡，利用该选项卡可以对图片进行编辑和美化操作，如图 3 - 53 所示。

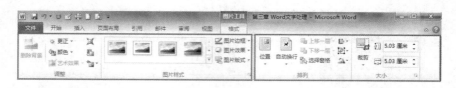

图 3 - 53　图片"格式"选项卡

调整图片大小的方法有三种：

方法 1：选中图片，此时在图片的四周出现 8 个控制点，如图 3 - 54 所示。将鼠标指针移到控制点上，鼠标指针将变成相应的双向箭头形状，按住鼠标左键并拖动，图片可沿箭头方向进行大小调整。

图 3 - 54　选中图片

方法 2：选中图片，在"格式"选项卡"大小"组的"高度"和"宽度"数值框中直接输入数值并按回车键，或直接通过微调按钮调整。

方法 3：选择图片，单击"格式"选项卡"大小"组中的对话框启动器，或右键快捷菜单中的"大小和位置"命令，打开"布局"对话框，默认显示"大小"选项卡，如图 3 - 55 所示。在"高度"和"宽度"选项区中分别设置图片的高度和宽度值，或使用"缩放"选项区设置高度和宽度的相对百分比进行设置。

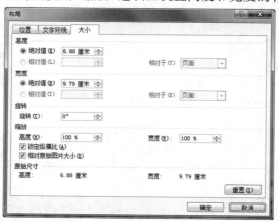

图 3 - 55　"大小"选项卡

（2）调整图片位置。鼠标指针移动到图片上直接拖动图片到目标位置，或使用"开始"选项卡"段落"组中的"左对齐""居中""右对齐"按钮调整图片位置。

（3）旋转图片。旋转图片有以下两种方法：

方法 1：选择图片，拖动图片上的旋转点可以转动到一定的角度。

方法 2：单击"格式"选项卡"排列"组中的"旋转"下拉按钮，弹出下拉列表，如图 3 - 56 所示。在列表中选择需要的选项，即可对图片进行旋转。也可用"布局"对话框"大小"选项卡中的"旋转"微调框设置数值进行一定角度的调整。

图 3 - 56　"旋转"下拉列表

(4)裁剪图片。选择图片,单击"格式"选项卡"大小"组中的"裁剪"按钮,图片上出现裁剪标记,拖动裁剪标记确定裁剪区域,按回车键完成裁剪。此外,使用"裁剪"下拉列表中的其他选项还可以得到其他的裁剪效果。

4.设置图片效果

选择图片,使用"格式"选项卡中的美化工具对图片进行亮度、对比度、颜色和阴影效果等进行设置。

二、制作艺术字

艺术字是文字的一种图形效果,它使文字变得生动活泼,文档中合理使用艺术字可以起到突出重点、美化页面的作用。

1.插入艺术字

插入艺术字的具体操作步骤如下:

(1)确定插入位置,单击"插入"选项卡"文本组"中的"艺术字"下拉按钮,在打开的列表中显示了 30 种艺术字形状,如图 3 - 57 所示。

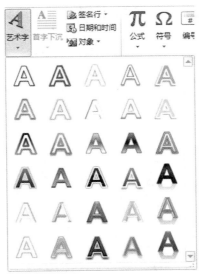

图 3 - 57　艺术字形状

(2)在其中选择所需的艺术字形状,即可插入到文档中,如图 3 - 58 所示。

图 3 - 58　插入艺术字

（3）输入艺术字文字，如"美丽的中国"，效果如图 3 - 59 所示。

图 3 - 59　艺术字效果

2. 编辑艺术字

对插入的艺术字，可和图片一样用鼠标调整大小和移动位置。单击艺术字文字，可直接对艺术字文字进行编辑。拖动选择艺术字文字，可设置艺术字的字体、字号、加粗等格式。

选择艺术字，还会自动出现"绘图工具"，其中包含"格式"选项卡。通过该选项卡，可以设置艺术字的边框、填充等效果，更改艺术字的轮廓、效果等，如图 3 - 60 所示。

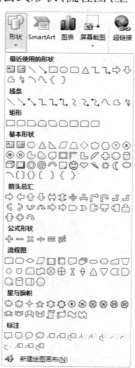

图 3 - 60　艺术字"格式"选项卡

此外，也可以用鼠标右键快捷菜单中的"设置形状格式"命令，通过对话框来对艺术字进行设置。

三、绘制图形

Word 2010 提供了一套绘制图形的工具，并提供了大量可以调整形状的自选图形，利用它可以创建各种图形。

1. 绘图自选图形

绘制自选图形的步骤如下：

（1）单击"插入"选项卡"插图"组中的"形状"下拉按钮，在弹出的形状列表中列出了 8 大类自选图形，包括线条、矩形、基本形状、箭头总汇、公式形状、流程图、星与旗帜和标注，如图 3 - 61 所示。

图 3 - 61　自选图形列表

（2）在列表中选择要绘制的形状，如选择"流程图"中的"资料带"，将光标移动到要绘制的位置并拖动到合适位置，即可画出所需的形状，如图 3 - 62 所示。

图 3 - 62　绘制自选图形

2. 设置图形格式

选中自选图形,可像图片一样调整大小、位置和旋转一定的角度。

自选图形选中后,还会自动出现"绘图工具",包含"格式"选项卡,如图 3 - 63 所示。通过该选项卡可对自选图形进行形状填充、形状轮廓、形状效果、大小和旋转等设置,大部分图形还可以添加文字或编辑形状。

图 3 - 63　自选图形的"格式"选项卡

也可以使用右键快捷菜单中的"添加文字"(部分图形可添加文字)"编辑顶点"或"设置形状格式"命令来完成。

3. 图形的叠放次序

在绘制自选图形时,可以进行重叠,以生成需要的其他图形。当多个图形对象重叠在一起时,最后绘制的那一个总是覆盖其他的图形。选中要移动的图形对象,利用"格式"选项卡"排列"组中的"上移一层"和"下移一层"及其下拉按钮可以调整图形的叠放次序。

也可以使用右键快捷菜单中的"置于顶层""置于底层"或其子菜单来完成。具体操作步骤如下:

(1)选定要改变叠放次序的图形对象。

(2)单击鼠标右键,在弹出的快捷菜单的选择需要的操作,如可直接单击"置于顶层"命令,也可在其弹出的子菜单中选择需要的选项,如图 3 - 64 所示。

图 3 - 64　"置于顶层"子菜单

4. 图形的组合

Word 2010 提供了多个图形组合的功能,可以将许多简单图形组合成一个整体的图形对象,便于图形的整体操作。多个图形的组合步骤如下:

(1)按住"Ctrl"键,再逐个单击要组合的图形对象。

（2）单击"格式"选项卡"排列"组中的"组合"下拉按钮中的"组合"选项,或右键快捷菜单中的"组合"→"组合"命令。

若需要将组合后的图形取消组合,可以用"组合"下拉按钮中的"取消组合"选项或右键快捷菜单中的"组合"→"取消组合"命令。

四、使用文本框

使用文本框可以达到多个文本混排的效果,灵活方便,是排版中常用的功能。

1. 插入文本框

插入文本框的具体步骤如下:

（1）将光标定位到要插入文本框的位置,单击"插入"选项卡"文本"组中的"文本框"下拉按钮,在弹出的列表中显示了多种文本框样式,如图 3 - 65 所示。

（2）选择需要的文本框样式,如选择"简单文本框",则文档中插入一个文本框,如图 3 - 66 所示。

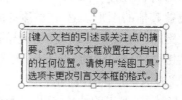

图 3 - 65　文本框样式列表　　　　图 3 - 66　插入文本框

（3）在插入的文本框直接输入内容即可替换原提示性文字。

若选择文本框样式列表中的"绘制文本框"或"绘制竖排文本框"选项,则可在页面任意位置画出需要的文本框。

2. 文本框的格式设置

选定文本框后,通过文本框上的可控点调整文本框大小,通过旋转点可旋转文本框方向。鼠标指针移动到边框位置,当指针变为✛形状时,可将文本框拖动到页面任意位置。

文本框选定后,还会自动出现"绘图工具",包含"格式"选项卡,如图 3 - 67 所示。通过该选项卡,可以设置文本框的形状样式、大小,文本的艺术字样式、文本的文字方向、对齐方式等。

图 3 - 67　文本框"格式"选项卡

也可以使用右键快捷菜单中的命令来完成需要的操作。

对文本框中的文本可以进行编辑和格式的设置,还可以在文本框中插入图片等。

若要删除文本框,只需选定文本框后,按"Delete"键即可。若只想删除文本框,而保留文本框中的内容,可以先将文本框中的内容复制到文档中的其他位置,然后再删除文本框。

五、图文混排

图片、剪贴画、艺术字、自选图形、文本框等图形对象,在 Word 中可以进行图文混排,可以将这些对象通过设置不同的环绕方式得到需要的排列效果。

1. 使用"格式"选项卡

图形对象的环绕方式,主要是通过其对应的"格式"选项卡"排列"组中的"位置"下拉按钮和"自动换行"下拉按钮,在展开的列表中进行设置。其具体的操作步骤如下:

(1)选择要设置环绕方式的图形对象。

(2)单击"格式"选项卡"排列"组中的"位置"下拉按钮,从展开的下拉列表中选择图片的位置,如图 3 - 68 所示。单击"自动换行"下拉按钮,从下拉列表中选择图片的环绕方式,如图 3 - 69 所示。

图 3 - 68　"位置"下拉列表　　　　　　　　图 3 - 69　"自动换行"下拉列表

2. 使用对话框

使用对话框设置图文混排的具体操作步骤如下:

(1)选择图形对象,单击"格式"选项卡"大小"组中的对话框启动器,在弹出的"布局"对话框中,单击"文字环绕"选项卡,如图 3 - 70 所示。

图 3 - 70　"文字环绕"选项卡

(2)在该选项卡中选择一种环绕方式,单击"确定"按钮。

以上操作也可以使用右键快捷菜单中的"自动换行"子菜单,"大小和位置"或"其他布局选项"命令来进行设置。

第七节　页面布局

在排版的过程中,页面设计决定了文档的整体风格,它由版面的纸张及版面设计的整体要求决定,包括纸张大小、方向、页边距、分栏、页眉页脚和页面背景等。

页面布局主要通过"页面布局"选项卡或"页面设置"对话框来进行设置。

一、使用"页面布局"选项卡

单击"页面布局"选项卡,如图 3 - 71 所示。Word 2010 中默认的纸张大小为"A4",纸张方向为"纵向",页边距为上下 2.54 厘米、左右 3.17 厘米,一栏,无背景颜色。用户可以根据实际需要对页面进行重新设置。

图 3 - 71　"页面布局"选项卡

1. 设置纸张大小、方向和页边距

单击该选项卡中的"纸张大小"下拉按钮,在展开的列表中选择需要的纸张大小,也可选择"选择页面大小"选项进行自定义大小;单击"纸张方向"下拉按钮,在展开的列表中选择需要的纸张方向;单击"页边距"下拉按钮,在展开的列表中选择需要的页边距,也可选择"自定义边距"选项来自定义页边距的大小;单击"文字方向"下拉列表从中选择文字的方向。

2. 设置主题和页面背景

在选项卡"主题"组的"主题"下拉列表中可以选择需要的主题,"主题颜色""主题字体"和"主题效果"下拉列表中更改对应的选项;在"页面背景"组的"页面颜色"下拉列表中选择需要的页面颜色,"水印"下拉列表选择需要的水印。

3. 插入分隔符

分隔符包括"分页符"和"分节符"。通过文档的分页和分节,便于灵活的安排文档内容。在文档中插入分节符,可以实现在文档的不同节中进行不同的页面设置,如设置不同的页眉、页脚、页边距、文字方向和分栏等。

单击选项卡中的"页面设置"组中的"分隔符"下拉按钮![分隔符],弹出"分隔符"下拉列表,如图 3 - 72 所示。列表中列出了分页符和分节符的多种不同形式,用户可根据需要进行选择。

图 3 - 72　"分隔符"下拉列表

4.设置分栏

分栏是报纸、杂志常用的排版方式。合理的分栏,可使文档变得更美观,更便于阅读。

设置分栏的具体操作步骤如下:

(1)选择要分栏的段落。对于有分节的文档,光标置于当前节任意位置可对当前节进行分栏。

(2)单击"页面布局"选项卡"页面设置"组中的"分栏"下拉按钮,弹出分栏列表,如图 3-73 所示。

图 3-73　分栏列表

(3)从分栏列表中选择要分栏的选项完成分栏。

(4)若需要更多设置,可选择"更多分栏"选项,从弹出"分栏"对话框中设置,如图 3-74 所示。

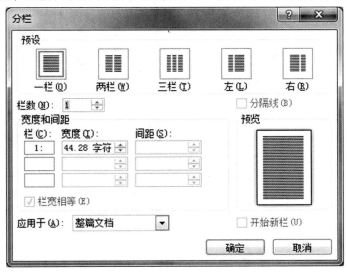

图 3-74　"分栏"对话框

若需取消分栏,可再次执行上述操作,选择"一栏"即可。

5.设置页面边框

添加页面边框,可以使页面显得更加生动活泼。设置页面边框的操作步骤如下:

(1)将光标定位到要设置边框的页面。

(2)单击"页面背景"组的"页面边框"按钮,打开"边框和底纹"对话框,默认选择"页面边框"选项卡,如图 3-75 所示。

图 3 – 75 "页面边框"选项卡

（3）在对话框中设置的边框类型、线条的样式、颜色和宽度，并在"应用于"下拉列表中选择应用范围。

（4）设置完成后，单击"确定"按钮。

若要取消页面边框，可在"页面边框"选项卡的"设置"区中选择"无"即可。

二、使用"页面设置"对话框

使用"页面设置"对话框设置的具体步骤如下：

（1）单击"页面布局"选项卡"页面设置"组中的对话框启动器，或者在页面视图中直接双击标尺，打开"页面设置"对话框，如图 3 – 76 所示。

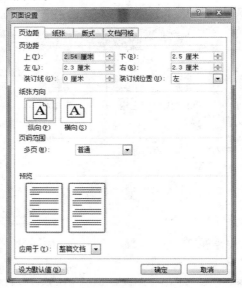

图 3 – 76 "页面设置"对话框

（2）根据需要在"页边距"选项卡中设置页边距和纸张方向，在"纸张"选项卡中选择纸张大小或自定义纸张大小，在"版式"和"文档网络"选项卡进行相关的设置。

（3）设置完毕后，单击"确定"按钮即可。

三、编辑页眉、页脚和页码

页眉和页脚分别位于页面的顶部和底部，常用来插入页码、日期和时间、文档标题和图标等信息，这些信息不会影响文档正文内容的编辑和排版。

1. 添加页眉和页脚

（1）单击"插入"选项卡"页眉和页脚"组中的"页眉"下拉按钮,在打开的列表中选择页眉样式,如选择"空白(三栏)",进入页眉编辑状态,如图 3 - 77 所示。

图 3 - 77　页眉编辑状态

（2）进入页眉编辑状态后,文档正文变成不能编辑的灰色状态,同时出现"页眉和页脚工具",其中包含"设计"选项卡。这时,可以在页眉区中输入、编辑文本和设置文本格式。通过选项卡可以插入日期和时间、图片、剪贴画、页码等,还可以设置页眉顶端距离和页脚底端距离,在不同节中进行切换编辑不同的页眉,以及设置"首页不同""奇偶页不同"等。

（3）单击"导航"组中的"转至页脚"按钮,可进入页脚编辑状态。

（4）编辑完成后,单击"关闭页眉和页脚"按钮,退出页眉和页脚编辑状态。

若单击"插入"选项卡"页眉和页脚"组中的"页脚"下拉按钮,通过列表选择页脚样式进入页脚编辑状态,操作方法与编辑页眉类似。

2. 修改或删除页眉和页脚

双击要修改的页眉或页脚区域,即可进入页眉和页脚的编辑状态。页眉和页脚内容的编辑和设置格式的方法与文档正文一致。若要更改页眉或页脚的样式,可在"设计"选项卡的"页眉和页脚"组中重新选择一种样式。

3. 插入页码

Word 2010 提供了简单方便、功能完善的添加页码的方法。其具体操作步骤如下:

（1）单击"插入"选项卡"页眉和页脚"组中的"页码"下拉按钮,打开"页码"下拉菜单,如图 3 - 78 所示。

图 3 - 78　"页码"下拉菜单

（2）在该菜单的子菜单中选择页码的位置和样式,则自动插入并进入页眉或页脚的编辑状态。如果要设置插入页码的格式,可单击"设置页码格式"命令,打开"页码格式"对话框,如图 3 - 79 所示。

（3）在"页码格式"对话框的"编号格式"下拉列表中可以选择插入的页码格式,在"页码编号"选项区中选择"续前节"单选按钮表示遵循前一节的页码顺序继续编排页码,选择"起始页码"单选按钮可以在数值框中设置起始页页码,单击"确定"按钮完成对插入页码设置。

图3-79 "页码格式"对话框

（4）双击页码可以对页码进行编辑,可以看出页码其实就是一个文本框,随页数改变的数字就是一个域,可以根据需要对它们进行格式设置。

（5）若需删除页码,可单击"页码"下拉菜单中的"删除页码"命令。

第八节 文档打印

对文档进行编辑、格式和版面设置后,就可以打印输出了。打印之前一般先预览打印效果,再进行打印设置,最后通过打印机打印出来。

一、打印预览

"打印预览"功能可预览文档的实际打印效果,用户通过查看明确是否符合要求,若不满意可进行相应的调整。

单击"文件"选项卡,在打开的菜单中选择"打印"命令,或者单击"快速访问工具栏"中的"打印预览"按钮,进入打印预览状态,如图3-80所示。

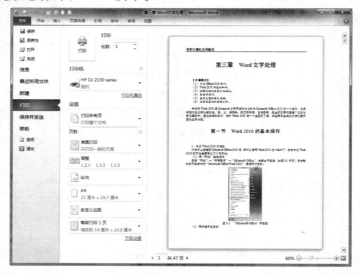

图3-80 打印预览状态

在打印预览状态下,可以通过窗口右侧的滚动条进行前后预览,还可以通过右下侧的显示比例工具按钮或滑块进行缩放预览,查看整体效果。若不满意,可单击"开始"选项卡,返回编辑状态进行调整。

二、打印设置

在打印预览状态中可以对打印进行一些设置,如选择打印机、打印范围或在打印时进行缩放等。具体操作步骤如下:

(1)设置打印机。在打印预览状态的"打印机"选项区中可以选择打印机,单击"打印机属性"按钮,将弹出打印机属性对话框,可以设置打印的质量和布局等,如图3-81所示。

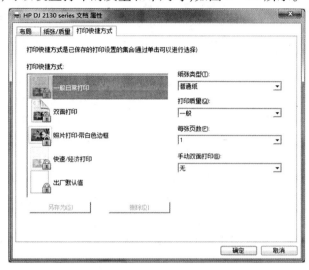

图 3-81 打印机属性对话框

(2)设置打印范围。在打印预览状态的"设置"选项区中设置要打印的页面范围,如"打印所有页""打印当前页面""打印所选内容"或"打印自定义范围"等。

若需要将文档缩放打印到更大或更小的纸张上,可单击"每版打印1页"下拉按钮,在弹出下拉列表的"缩放至纸张大小"中选择需要的纸张,如图3-82所示。

另外还可以调整打印的顺序和重新进行页面设置等。

图 3-82 选择缩放纸张大小

(3)打印。准备好打印机,在"打印"选项区中设置打印份数,单击"打印"按钮即可开始打印。

习题三

一、填空题

1. Word 默认的字体是_____，字号是_____。

2. Word 2010 具有页面视图、_____、_____、大纲视图和草稿视图等五种视图方式。

3. 在 Word 2010 中，可以通过_____来查看多页显示的内容。

4. 文字的格式主要是指文字的_____、_____、字形和颜色等。

5. 在 Word 2010 文档编辑中，插入页码使用_____选项卡"页眉和页脚"中的_____按钮。

6. 段落的缩进方式主要包括_____、左缩进、右缩进和_____。

7. 在 Word 2010 中创建表格时，可以通过_____选项卡创建表格。表格中的数据可以按_____进行排序。

8. 选中文档中的某一句可按住_____键，然后在该句任意位置单击鼠标左键。

9. 给图形添加文本是通过右键快捷菜单中的_____命令来实现的。

10. 在文档的录入过程中，如果出现了错误操作，可单击快速访问工具栏中的_____按钮取消这些操作。

11. 对于跨页表格，为使每一页都显示标题行，可以使用 Word 2010 提供的_____功能。

12. 通过使用_____，可以将文本放在页面的任何位置。

二、选择题

1. 在 Word 2010 编辑状态下，利用（   ）可直接调整文档的左右边界。_____
   A."页面布局"工具栏　　　　B."开始"选项卡　　　　C.菜单　　　　D.标尺

2. 在 Word 2010 中，当前输入的文字被显示在（   ）。
   A.文档的尾部　　　B.鼠标指针位置　　　C.插入点位置　　　D.当前行的尾部

3. 垂直方向的标尺只在（   ）中显示。
   A.页面视图　　　B.普通视图　　　C.大纲视图　　　D.Web 版式视图

4. 在 Word 2010 的编辑状态下，若要对当前文档进行字数统计，可通过（   ）来完成。
   A."文件"选项卡　　　　　　　　B."开始"选项卡
   C."审阅"选项卡　　　　　　　　D."引用"选项卡

5. 关于 Word 2010 的分栏功能，下列说法正确的是（   ）。
   A.最多可以分四栏　　　　　　　B.各栏的宽度必须相同
   C.各栏的宽度可以不同　　　　　D.各栏之间的间距是固定的

6. 在 Word 2010 的编辑状态下，选择全部文档，通过"段落"对话框设置行距为 22 磅格式，需要在"行距"下拉列表中选择（   ）。
   A.单倍行距　　　B.1.5 倍行距　　　C.固定值　　　D.多倍行距

7. 在 Word 2010 编辑状态下，在同一篇文档内用拖动法复制文本时应该（   ）。
   A.同时按住 Ctrl 键　　　　　　B.同时按住 Shift 键
   C.同时按住 Alt 键　　　　　　D.直接拖动

8. Word 文档编辑时，选择当前文档的一个段落，按"Del"键删除，则（   ）。
   A.该段落被删除且不能恢复　　　B.该段落被删除，但可以恢复
   C.该段落被移动到"回收站"内　　D.该段落被存放到剪贴板中

9. 在 Word 2010 中无法实现的操作是( )。

A. 在页眉中插入剪贴板内容　　　　　B. 建立奇偶页内容不同的页眉

C. 在页眉中插入分栏符　　　　　　　D. 在页眉中插入日期

10. 在 Word 2010 编辑状态下,格式刷可以复制( )。

A. 段落的格式和内容　　　　　　　　B. 段落和文字的格式和内容

C. 文字的格式和内容　　　　　　　　D. 段落和文字的格式

11. 在"页面设置"对话框中,不能进行( )设置。

A. 页边距　　　　B. 纸张大小　　　　C. 自定义纸张大小　　D. 段前段后间距

12. 在 Word 2010 中,对图片不能( )。

A. 添加边框　　　　B. 裁剪　　　　　C. 添加文字　　　　D. 添加艺术效果

13. Word 2010 编辑状态下,将当前文档窗口拆分成两个,则被拆分后的文档( )。

A. 将变成两个内容不同的文档

B. 将变成两个内容相同的文档

C. 仍然是一个文档,但关闭两个窗口的操作需要依次进行

D. 仍然是一个文档,而且关闭其中一个窗口会使另一个窗口自动关闭

14. 艺术字在文档中以( )方式出现。

A. 图形对象　　　　B. 公式　　　　　C. 普通文字　　　　D. 样式

15. 在段落设置中,如果设置"右缩进 1 厘米",其含义是( )。

A. 对应段落的首行右缩进 1 厘米

B. 对应段落除首行外,其余行右缩进 1 厘米

C. 对应段落的所有行都右缩进 1 厘米

D. 对应段落的所有行在右页边距 1 厘米处对齐

三、简答题

1. 简述 Word 2010 窗口的组成。

2. 文本的选择有哪些方法?

3. 简述将文本转换为表格的过程。

4. 简述插入艺术字的过程。

四、上机操作题

1. 制作一个班级课程表,输入内容,设置表格和文字的格式。

2. 新建一个文档,纸张大小为 A4,请输入一篇文章,在页面中插入图片,并修饰页面,最后通过打印机输出到纸上。

第四章　Excel 电子表格处理

【本章要点】
(1)Excel 2010 基础知识。
(2)工作簿、工作表和单元格的操作。
(3)工作表格式的设置。
(4)公式和函数的使用。
(5)数据的图表化。
(6)数据的管理分析。

中文版 Excel 2010 是 Microsoft Office 2010 的一个重要组件,是一种功能强大的数据加工与分析处理软件,具有界面直观、操作简单、数据即时更新、计算功能强等特点。

通过本章的学习,要求能够熟练地使用 Excel 创建出符合要求的表格,会使用公式和建立图表,并能进行简单的数据分析。

第一节　Excel 2010 概述

一、工作界面

选择"开始"→"所有程序"→"Microsoft Office"→"Microsoft Excel 2010"命令,启动 Excel 2010,并打开 Excel 2010 工作界面,如图 4 -1 所示。

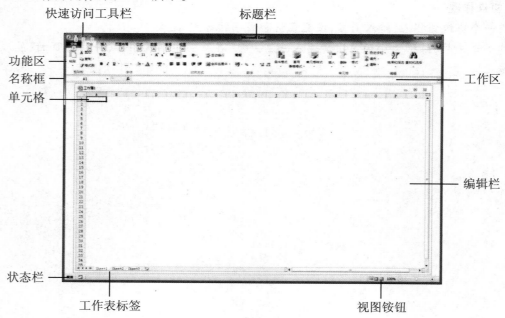

图 4 -1　Excel 2010 工作窗口

它的工作窗口除了具有和 Word 2010 相类似的标题栏、功能区、快速访问工具栏、工作区和状态栏等组成以外,还具有其特有的组成部分。

1. 名称框

名称框位于功能区的下方,用于显示工作表中活动单元格的名称。

2. 编辑栏

位于名称框右侧,用来显示和编辑活动单元格中的数据和公式。

3. 工作表标签

工作表标签用来标识工作簿中不同的工作表。单击工作表标签,即可迅速切换到相应的工作表。

二、基本概念

1. 工作簿

一个工作簿就是一个 Excel 文件。每个工作簿包含多张工作表,便于将相关的数据分类存放在不同的工作表中。一个工作簿有三个预设的工作表(Sheet1、Sheet2、Sheet3),用户可以添加和删除工作表,一个工作簿最多有 255 个工作表。

启动 Excel 后,系统自动创建一个名为"工作簿 1"的工作簿。Excel 2010 工作簿文件的扩展名为. xlsx,相比之前版本(扩展名为. xls)的工作簿文件有很大不同。

2. 工作表

工作表又称电子表格,主要用来存储、处理数据。每个工作表由行和列组成,Excel 2010 的工作表最多有 1048576 行,16384 列。行号按数字进行编号,如 1、2、3、…,而列标则由英文字母和字母有序组合而成,如 A、B、…、Z、AA、AB、…。每个工作表都有一个工作表名称(如 Sheet1、Sheet2 等)。

3. 单元格

单元格是工作表中行和列的交叉部分,是组成表格的最小单位。数据的输入和修改都是在单元格中完成的。单元格按所在的行列位置来命名,例如,"D3"是指 D 列与第 3 行交叉位置上的单元格。对于正在使用的单元格,称为"活动单元格",其边框显示为加粗的黑色边框。

4. 单元格区域

单元格区域是一组被选中的相邻或不相邻的单元格。选中的单元格区域呈浅蓝色背景,黑色加粗边框,可对其进行整体操作。单击工作表内任意单元格可取消单元格区域。

第二节　工作簿的操作

工作簿是以文件的形式存储的。对工作簿的操作,主要就是创建、打开、保存和关闭工作簿。

一、创建工作簿

使用 Excel 2010 进行数据处理,首先要建立工作簿。建立工作簿有以下方法:

(1)打开 Excel 2010 时自动创建。打开 Excel 2010 时,会自动创建一个名称为"工作簿 1"的工作簿窗口。

(2)创建新的空白工作簿。启动 Excel 后,单击"文件"选项卡,从在弹出的菜单中选择"新建"命令,在打开的界面中选择"空白工作簿"后,单击"创建"按钮,如图4 – 2 所示。

(3)根据模板创建工作簿。Excel 2010 提供多种常见的电子表格模板,用户可以从中选择需要的模板,快速创建工作簿。在图4 – 2 中选择"可用模板"或"Office. com 模板"中的模板,单击"新建"或"下载"按钮即可创建。

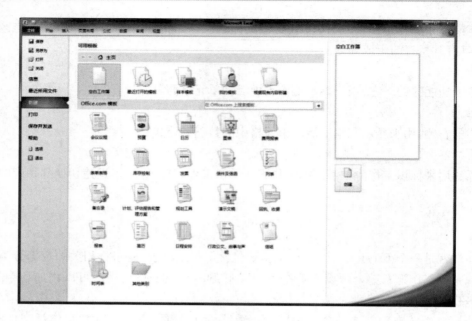

图 4 - 2　新建工作簿

二、保存工作簿

在创建工作簿后,需要将其保存起来以便下次使用。保存工作簿的具体步骤如下:

(1)选择"文件"选项卡,在弹出的下拉菜单中选择"保存"命令,或直接单击快速访问工具栏中的"保存"按钮▤,弹出如图4-3所示的"另存为"对话框。

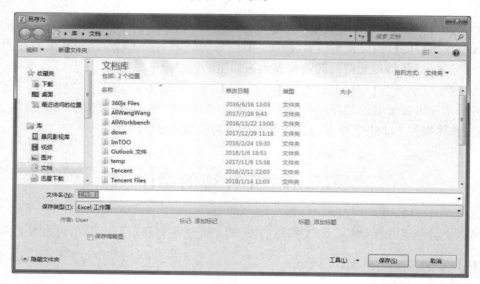

图 4 - 3　"另存为"对话框

(2)选择保存位置,在"文件名"文本框中输入工作簿的名称,在"保存类型"下拉列表中选择要保存的文件类型。

(3)单击"保存"按钮。

三、打开和关闭工作簿

1. 打开工作簿

打开一个现有的工作簿,具体操作步骤如下:

(1)单击"文件"选项卡,在弹出的下拉菜单中选择"打开"命令,或单击快速访问工具栏中的"打开"

按钮 ,弹出如图 4 - 4 所示的"打开"对话框。

图 4 - 4　"打开"对话框

（2）在左窗格中选择工作簿所在的文件夹位置。

（3）在右窗格中选择要打开的工作簿,然后单击"打开"按钮。

若计算机已经安装有 Excel 2010,可直接双击要打开的工作簿文件,则会启动 Excel 2010 并打开工作簿。

2. 关闭工作簿

单击"文件"选项卡,在弹出的下拉菜单中选择"关闭"命令。

第三节　工作表的操作

在工作簿打开后,用户可以方便地编辑和维护其中的工作表,如对工作表进行添加、删除、移动、复制、重命名、切换及隐藏等操作。

一、选择工作表

在进行工作表操作时,要先选定相应的工作表。选择工作表常用以下方法：

（1）单张工作表。单击工作表标签,若所需的标签没有显示出来,可单击标签左侧的滚动按钮进行显示。

（2）两张或多张相邻的工作表。先单击第一张工作表标签,再按住"Shift"键并单击最后一张工作表标签。

（3）两张或多张不相邻的工作表。单击第一张工作表标签,然后按住"Ctrl"键再单击其他工作表标签。

（4）工作簿中的所有工作表。用鼠标右键单击任意工作表标签,从弹出的快捷菜单中选择"选定全部工作表"命令。

二、工作表的操作

（一）添加工作表

一个新的工作簿打开后,Excel 默认有三个工作表,若需更多的工作表,可以通过添加工作表的方法来完成。

添加工作表的主要方法有以下三种：

（1）单击工作表标签后面的"插入工作表"按钮 ,在所有工作表之后插入一个空白工作表。

（2）选择要插入工作表的标签位置，单击"开始"选项卡"单元格"组中的"插入"下拉按钮，在列表中选择"插入工作表"命令，则在选择的工作表前插入了一张新的工作表。

（3）在要插入工作表的标签上单击鼠标右键，从弹出的快捷菜单中选择"插入"命令，打开如图4-5所示的"插入"对话框，在"常用"选项卡的列表中选择"工作表"，单击"确定"按钮，则在当前工作表前插入一张新的工作表。

图4-5 "插入"对话框

（二）删除工作表

删除工作表的方法有以下两种：

（1）选择要删除的工作表，单击"开始"选项卡"单元格"组中的"删除"下拉按钮，在列表中选择"删除工作表"命令。

（2）用鼠标右键单击要删除的工作表标签，在弹出的快捷菜单中选择"删除"命令。若工作表中有数据，则会弹出如图4-6所示的确认工作表删除对话框，单击"删除"按钮，则工作表被删除。

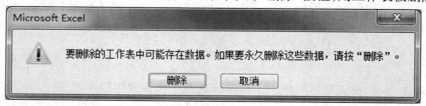

图4-6 确认工作表删除对话框

（三）移动和复制工作表

移动和复制工作表的方法有两种：

1. 使用鼠标拖动

使用鼠标拖动的方法移动或复制工作表的具体操作步骤如下：

（1）将鼠标指针指向要移动或复制的工作表标签。

（2）按住鼠标左键拖动工作表标签，到指定的位置释放鼠标，即可将工作表移动到新的位置。如果要复制工作表，先按住"Ctrl"键再拖动鼠标，则可复制工作表到目标位置。在拖动过程中，屏幕会出现一个黑色的三角形指示目标位置。

2. 使用菜单命令

使用菜单命令移动或复制工作表的具体操作步骤如下：

（1）选择要移动或复制的工作表。

（2）单击"开始"选项卡"单元格"组中的"格式"下拉按钮，在列表中选择"移动或复制工作表"命令，或使用右键快捷菜单中的"移动或复制"命令，打开"移动或复制工作表"对话框，如图4-7所示。

图 4 - 7　"**移动或复制工作表**"对话框

（3）在"下列选定工作表之前"列表框中选定要移动或复制工作表的目标位置。

（4）如果要移动工作表，则直接单击"确定"按钮；如果要复制工作表，则选中"建立副本"复选框，然后单击"确定"按钮。

（四）重命名工作表

Excel 默认的工作表名称以 Sheet1、Sheet2、Sheet3……方式命名。用户可以重命名工作表，以便通过工作表的名称来表达其中的内容。

重命名工作表的方法如下：

选择要重命名的工作表，单击"开始"选项卡"单元格"组中的"格式"下拉按钮，在列表中选择"重命名工作表"命令，或双击需要重命名的工作表标签，输入新的工作表名，按回车键即可。

也可使用右键快捷菜单重命名工作表。

（五）隐藏和恢复工作表

1. 隐藏工作表

隐藏工作表可以将某些工作表数据隐藏起来。隐藏工作表的步骤如下：

（1）选择要隐藏的工作表。

（2）单击"开始"选项卡"单元格"组中的"格式"下拉按钮，在列表中选择"隐藏和取消隐藏"→"隐藏工作表"命令。

也可以选择要隐藏的工作表，通过右键快捷菜单中的"隐藏"命令进行隐藏。

除隐藏工作表外，还可以隐藏工作表中的某些行或列。其具体步骤如下：

（1）选择要隐藏的行或列。

（2）单击"开始"选项卡"单元格"组中的"格式"下拉按钮，在列表中选择"隐藏和取消隐藏"→"隐藏行"或"隐藏列"命令。

2. 恢复工作表

隐藏工作表或工作表的行、列后，在需要的时候可以恢复显示。

恢复工作表：单击"开始"选项卡"单元格"组中的"格式"下拉按钮，在列表中选择"隐藏和取消隐藏"→"取消隐藏工作表"，则会弹出"取消隐藏"对话框，选择要恢复的工作表，单击"确定"按钮，如图 4 - 8 所示。

图 4 - 8　"**取消隐藏**"对话框

恢复行或列:按组合键"Ctrl + A"选择工作表中的所有单元格,单击"开始"选项卡"单元格"组中的"格式"下拉按钮,在列表中选择"隐藏和取消隐藏"→"取消隐藏行"或"取消隐藏列"命令。

(六)拆分工作表和冻结窗格

有时为了便于输入和对照,可以对工作表进行拆分和冻结。以图4-9所示的工资表为例:

图4-9 工资表

1. 拆分工作表

选择拆分工作表的单元格位置,如C7,单击"视图"选项卡"窗口"组中的"拆分"按钮 ,即可将一个工作表拆分为4个窗格,每个窗格都可使用水平滚动条和垂直滚动条,如图4-10所示。用户可以使用鼠标拖动拆分线改变窗格的大小,在不同的窗格中查看工作表不同位置的内容。

图4-10 拆分工作表

若选择第一列中的单元格进行拆分,则拆分为上下两个窗格;选择第一行中的单元格进行拆分,则拆分为左右两个窗格。

再次单击上述"拆分"按钮,可取消拆分工作表。

除此之外,还可以拖动窗口的垂直滚动条上方的拆分条 ▭ 或水平滚动条右侧的拆分条 ▯ 到需要的位置释放鼠标进行拆分。拆分后拖动拆分线到工作区边界可以取消拆分。

2. 冻结窗格

当用户需要将工作表的一些行或列固定显示在屏幕上时,可以冻结窗格。

冻结窗格有三种形式:冻结拆分窗格、冻结首行和冻结首列。

(1)冻结拆分窗格。选择要冻结拆分窗格的单元格位置,如 B2,单击"视图"选项卡"窗口"组中的"冻结窗格"→"冻结拆分窗格"命令,则工作表选定位置上方的行和左侧的列被冻结,在上下移动时被冻结的行不动,左右移动时被冻结的列不动,如图 4 - 11 所示。

(2)冻结首行或首列。直接单击"视图"选项卡"窗口"组中的"冻结窗格"→"冻结首行"或"冻结首列"命令。

(3)取消冻结。单击"视图"选项卡"窗口"组中的"冻结窗格"→"取消冻结窗格"命令。

图 4 - 11　冻结工作表

第四节　数据的输入和编辑

单元格是工作表的基本组成单位。对工作表进行编辑,就是在单元格中输入和修改数据,以及在工作表中插入或删除行、列或单元格等。

一、选定单元格

在工作表中进行数据录入或其他操作时,首先要选定相应的单元格。单元格选定后边框显示为加粗的黑色边框,对应的行号和列标突出显示,且该单元格的地址出现在名称框中。

在对工作表数据进行操作时,要先选择相应的单元格或单元格区域。选择单元格有下列情况。

1. 单个单元格

单击相应的单元格,或按键盘方向键移动到相应的单元格。

2. 相邻的单元格区域

直接拖动鼠标选择,或单击第一个单元格后,按住"Shift"键,再单击最后一个单元格。

3. 不相邻的单元格区域

先选中第一个单元格或单元格区域,再按住"Ctrl"键选择其他单元格或单元格区域。

4. 整行或整列

单击行号或列标可选定相应的行或列。若拖动行号或列标,则选定多行或多列。

5. 不相邻的行或列

先选中一行或一列,再按住"Ctrl"键选择其他行或列。

6. 工作表的所有单元格

单击行号和列标交叉处的全选按钮 ⬜ ,或直接按组合键"Ctrl + A"。

7. 取消选定

单击工作表中的任意单元格,则该单元格成为活动单元格,同时其他的选定全部取消。

二、输入数据

单元格中可以存放的数据包括文本、数字、时间和日期,以及公式和函数等。输入数据的一般步骤如下:

(1)单击目标单元格后直接输入内容,则输入的内容同时显示在单元格和编辑栏中,如图4-12所示。

图4-12 输入数据

(2)一个单元格输入完成后,可按回车键、Tab键、方向键或鼠标单击其他单元格确认已输入的数据。在连续输入时,可按回车键向下移动活动单元格,或按Tab键向右移动活动单元格进行输入。若要取消当前单元格中刚输入的内容,可按"ESC"键。

Excel会根据输入的内容自动判断,将数据分为文本、数字(包括时间和日期数据)等类型。数字类型数据可以进行计算,文本类型数据不能参与计算。在单元格中,文本类型数据自动左对齐,数字类型数据自动右对齐。不同类型数据显示效果不同。

(一)输入文本和数值

1. 文本

文本由文字、符号或数字组合而成。对于全部由数字组成的字符串,如邮政编码和电话号码等,为了与数值区别,先输入单撇号"'",然后再输入数字字符串。

2. 数值

输入数值时,系统默认格式一般采用整数、小数格式,当数值长度较长或超过单元格的宽度时,自动使用科学计数法来表示输入的数值。数值可以是包括数字字符(0~9)和 +、-、(、)、,、/、$ 、% 、.、E、e 中的任意字符。

为了与日期型数据相区别,在输入分数时,可在分数前加0和一个半角空格,例如,在输入1/2,可以输入0 1/2;负数则应加上负号"-"。

（二）输入时间和日期

输入日期使用"/"（斜杠），如 2017/11/30。若仅输入月和日，则系统会自动格式为几月几日，如"3/15"，自动格式为"3 月 15 日"。

输入时间使用"："（冒号），如 5：00，缺省情况下按 24 小时格式显示时间。

日期和时间混合输入时，在日期和时间之间加一空格。

按组合键"Ctrl + ;"可输入系统当天日期；按组合键"Ctrl + Shift + ;"可以输入系统当前时间。

（三）自动填充数据

1. 用填充柄填充数据

在选择的单元格或单元格区域的右下角有一个黑色小方块，称为填充柄。使用填充柄可以快速地在相邻单元格中填充相同数据或按某种规律变化的数据（或计算公式），极大地提高了工作效率。

（1）填充相同数据。对字符串和纯数值数据可直接拖动填充柄填充。对时间和日期数据，直接拖动填充柄会填充日期或时间变化的数据，按住"Ctrl"键再拖动填充柄则可填充相同内容。

如图 4－13 所示，在当前单元格 C3 中输入"信息技术"，鼠标指针移到填充柄，此时，指针呈"＋"字形状，拖动它向下直到 C8，松开鼠标键，则从 C4 到 C8 都填充了"信息技术"。此时，右下角出现一个"自动填充选项"按钮 ，单击它还可在弹出的列表中选择其他选项。

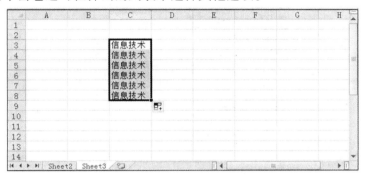

图 4－13　填充相同数据

（2）填充连续的数据。例如要在工作表中的 A 列输入连续的编号（1、2、3…15），可以使用填充柄快速完成。在 A1 单元格输入数字"1"，然后向下拖动填充柄直到 15 位置释放鼠标，此时单元格中全部填充数字"1"，并在右下角出现的"自动填充选项"按钮 ，单击该按钮从弹出的列表中选择"填充序列"选项，即可更改填充为连续数字，如图 4－14 所示。

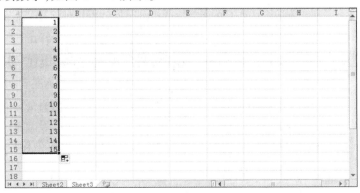

图 4－14　填充连续数据

也可按住"Ctrl"键后直接拖动填充柄，以更快的速度来填充连续的数字。

（3）填充等差数据。所谓等差数据是指相邻数据之间具有相同的差数，例如 1、4、7、10、…、21，这一组数字，相邻数字差为 3。对于这一类数据，也可以用填充柄来快速填充。如要在工作表的第 A 列输入这组等差数据，方法如下：

首先在 A1 单元格输入数字"1",在 A2 单元格输入数字"4",然后同时选中这两个单元格,向下拖动填充柄,拖动时会有变化的数字提示,到结束位置单元格时释放鼠标即可填充完成。

对于连续的数据,可看作数字差为1,也可按此方法进行填充。

(4)填充自定义序列数据。除了连续数据、等差数据可以自动填充,文本序列也可以自动填充,Excel 2010 提供了一些常用的文本序列填充功能,如以下序列:

日、一、二、三、四、五、六;

第一季、第二季、第三季、第四季;

一月、二月、三月……十二月;

甲、乙、丙……癸。

用户也可以添加自定义序列,添加的序列也可以用填充柄直接填充。添加自定义序列的步骤如下:

步骤一:单击"文件"选项卡,在弹出的菜单中选择"选项"命令,打开"Excel 选项"对话框,如图 4 - 15 所示。

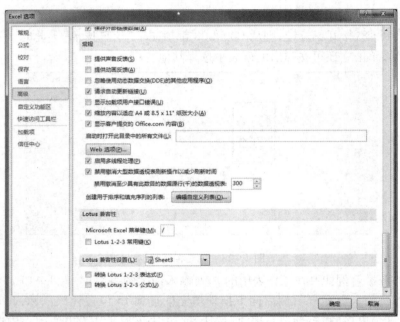

图 4 - 15 "Excel 选项"对话框

步骤二:在"Excel 选项"对话框的左窗中选择"高级"选项后,单击右窗格的"常规"选项区的"编辑自定义列表"按钮,弹出如图 4 - 16 所示的"自定义序列"对话框。

图 4 - 16 "自定义序列"对话框

步骤三:在"自定义序列"列表中选择"新序列",在"输入序列"文本框中输入要添加的文本序列(如:一班,二班……八班),每个文本占一行,如图 4 - 17 所示。

图 4 - 17　输入自定义序列

步骤四:单击"添加"按钮,则新定义序列出现在"自定义序列"框中,单击"确定"按钮返回"Excel 选项"对话框,再单击"确定"按钮退出。

2. 用对话框自动填充数据

除了用填充柄来进行填充数据外,Excel 还提供了"人机对话"形式的自动填充功能,使填充数据时更灵活多样。用对话框填充数据的步骤如下:

(1)在单元格中输入序列的第一个数据并按回车键。

(2)选定该单元格,单击"开始"选项卡"编辑"组中的"填充"下拉按钮 ,从列表中选择"系列"命令,弹出如图 4 - 18 所示的"序列"对话框。

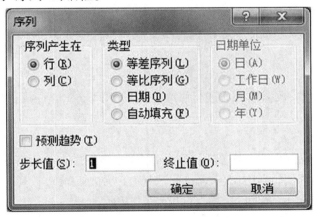

图 4 - 18　"序列"对话框

(3)在"序列"对话框的"序列产生在"选项区中选择"行"或"列",在"类型"选项区中选择序列的类型,在"步长值"和"终止值"文本框中分别输入步长值和终止值,单击"确定"按钮,则自动完成数据填充。

三、编辑单元格

1. 单元格数据的修改

若单元格为空白,只需单击该单元格输入内容即可;若单元格中数据需要全部删除并重新输入时,单击该单元格重新输入,原数据被替换;若原单元格中数据只有个别字符出现错误时,可以使用以下两种方法修改:

(1)在单元格中直接编辑。①双击要编辑数据的单元格;②按键盘方向键将光标定位到要编辑的位置,按"Back Space"(←)键删除光标左边的字符,按"Delete"键删除光标右边的字符,并插入内容;③按回车键确认输入。

（2）在编辑栏中编辑。①单击要编辑数据的单元格,该单元格中的数据显示在编辑栏中;②单击编辑栏中要修改的位置,并对其内容进行修改;③编辑完毕后,单击编辑栏中的"输入"按钮 ✔ 确认。

2. 单元格数据的删除

删除单元格数据就是把单元格或单元格区域中的内容从工作表中清除掉,单元格本身不变。删除单元格数据有三种方法:

（1）用"Delete"键。选定要删除内容的单元格或单元格区域,按"Delete"键,可以快速删除单元格或单元格区域中的内容。

（2）用功能区命令。①选定要删除内容的单元格或单元格区域;②单击"开始"选项卡"编辑"组中的"清除"下拉按钮 ，从列表中选择"清除内容"命令。该列表选项中除可清除内容外,还可仅清除格式、批注、链接等。

（3）用右键快捷菜单。①选定要删除内容的单元格或单元格区域;②在该区域中单击鼠标右键,从弹出的快捷菜单中选择"清除内容"命令。

3. 复制和移动单元格数据

对于单元格中的数据可以通过复制或移动操作,将它们复制或移动到同一个工作表中的其他地方、另一个工作表或另一个应用程序中。复制和移动单元格数据有以下两种方法:

（1）利用"复制""剪切"和"粘贴"命令。①选择工作表中的单元格区域;②单击"开始"选项卡"剪贴板"组中的"复制"按钮 或"剪切"按钮 ，被选择区域周围出现了一行线,数据保存到剪贴板中;③选中目标单元格区域的第一个单元格,单击"开始"选项卡"剪贴板"组中的"粘贴"按钮 ，则该区域数据被复制或移动到该单元格区域中。

也可用组合键或右键快捷菜单来完成上述操作。

（2）利用鼠标直接拖动。选定要复制或移动的单元格或单元格区域,将鼠标指针移动到选择区域的外边框,当鼠标指针变成 形状时,按住鼠标左键并拖动到目标位置,则选定的内容被移动到目标位置;若按住"Ctrl"键再拖动到目标位置,则选定的内容被复制到目标位置。

四、查找与替换

在工作表中,要查找文本、数据或公式进行修改,可以使用 Excel 的查找和替换功能快速地完成。

1. 查找

查找的具体操作步骤如下:

（1）选定查找数据的单元格区域,若不选定区域,则在当前工作表的所有单元格中查找。

（2）单击"开始"选项卡"编辑"组中的"查找和选择"下拉按钮 ，从列表中选择"查找"命令,打开"查找和替换"对话框,默认打开"查找"选项卡,如图 4－19 所示。

图 4－19　"查找和替换"对话框

（3）在"查找内容"下拉列表框中输入要查找的内容,若需其他设置,可单击"选项"按钮进行相应的设置。

（4）单击"查找下一个"按钮开始查找,如果找到了符合条件的单元格,则该单元格成为活动单元格。若该数据是要查找的数据,单击"关闭"按钮,退出"查找和替换"对话框;若不是要查找的数据,单击"查找下一个"按钮继续查找。重复这一过程,直到找到符合条件的所有单元格。若单击"查找全部"按钮,则找到的所有单元格显示在对话框的列表中,并且第一个单元格成为活动单元格,在列表中单击鼠标可切换活动单元格,如图 4－20 所示。

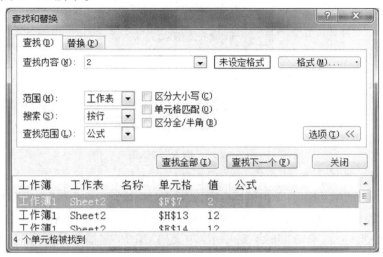

图 4－20　查找到的全部单元格

2. 替换

在 Excel 中,可以将查找到的数据替换为其他内容。具体操作步骤如下:

(1)选定要查找数据的单元格区域,若不选定区域,则在当前工作表的所有单元格中查找。

(2)单击"开始"选项卡"编辑"组中的"查找和选择"下拉按钮 ,从列表中选择"替换"命令,打开"查找和替换"对话框,默认显示"替换"选项卡,如图 4－21 所示。

图 4－21　"替换"选项卡

(3)在"查找内容"下拉列表框中输入要查找的内容,在"替换为"下拉列表框中输入要替换的内容,若需其他设置,可单击"选项"按钮进行相应的设置。

(4)单击"查找下一个"按钮,找到数据的单元格成为活动单元格,单击"替换"按钮,则替换该单元格数据;若继续查找,可单击"查找下一个"按钮,重复上述过程。若单击"查找全部"按钮,则可在显示的列表中选择进行替换;若单击"全部替换"按钮,则直接替换选定区域中所有符合条件的单元格数据,并显示替换完成对话框。

五、插入与删除

1. 插入单元格、行、列

在数据操作过程中,有时需要在工作表中插入行、列、单元格,以便在工作表的适当位置插入新的内容。

如果要插入行、列、单元格,可以按照如下步骤进行操作:

(1)选择插入位置的单元格。

(2)单击"开始"选项卡"单元格"组中的"插入单元格"按钮 ,则在当前位置插入一个空单元格,原单元格数据同时下移;若单击"插入"下拉按钮  ,则可从弹出的列表中选择"插入单元格"命令,打开如图 4-22 所示的"插入"对话框。

图 4-22 "插入"对话框

(3)根据需要选择一种插入方式,单击"确定"按钮完成操作。

也可以在选定要插入的单元格后,单击鼠标右键,从弹出的快捷菜单中选择"插入"命令,完成上述操作。

如果要在已输入数据的工作表中插入行,也可按照以下两种方法进行操作:

(1)选定要插入位置的行,单击"开始"选项卡"单元格"组中的"插入单元格"按钮 ,则在当前位置插入行,原行和其下各行自动下移。

(2)选定要插入位置的行,单击鼠标右键,从弹出的快捷菜单中选择"插入"命令,直接完成插入行操作。

插入列的方法和插入行的方法类似。

2.删除单元格、行、列

若删除行、列或单元格,则其中的数据也将从工作表中删除,而相邻的行、列或单元格会自动进行位置调整。

如果要删除单元格、行、列,可按照如下步骤进行操作:

(1)选择要删除的单元格。

(2)单击"开始"选项卡"单元格"组中的"删除单元格"按钮 ,则在删除当前单元格,原单元格下方单元格数据同时上移;若单击"删除"下拉按钮 ,则可从弹出的列表中选择"删除单元格"命令,打开如图 4-23 所示的"删除"对话框。

(3)在"删除"对话框中选择一种删除方式。

(4)单击"确定"按钮。

图 4-23 "删除"对话框

也可以在选定要删除的单元格后,单击鼠标右键,从弹出的快捷菜单中选择"删除"命令,完成上述操作。

如果要删除行,还可按照以下两种方法进行操作:

(1)选定要删除的行,单击"开始"选项卡"单元格"组中的"删除单元格"按钮 ,则选定行被删除,其下各行数据自动上移。

(2)选定要删除的行,单击鼠标右键,从弹出的快捷菜单中选择"删除"命令,直接完成删除行操作。

删除列的方法和删除行的方法类似。

第五节　工作表格式的设置

工作表中数据输入完成后,为了使表格更加美观和便于打印输出,还需要对表格进行格式化,包括单元格的文本格式、数字格式、对齐方式、边框和底纹等,这些设置可以通过工具按钮或"设置单元格格式"对话框完成。

一、单元格格式化

设置工作表格式和设置 Word 表格格式相类似。选择单元格或单元格区域后,一般可用两种方法进行设置。

(一)使用格式化工具

使用"开始"选项卡"字体"组、"对齐方式"组和"数字"组中的格式化工具直接进行设置,如图 4 – 24 所示。或使用右键浮动工具栏进行设置,如图 4 – 25 所示。

图 4 – 24　"开始"选项卡格式化工具

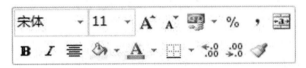

图 4 – 25　浮动工具栏

通过工具按钮可以设置字体、字号、加粗、倾斜、下划线、颜色、对齐方式、边框、底纹、数字格式、合并后居中等。

(二)使用对话框

单击"开始"选项卡中的"字体"组的对话框启动器 ,或从右键快捷菜单中选择"设置单元格格式"命令,打开"设置单元格格式"对话框,如图 4 – 26 所示。

图 4 – 26　"设置单元格格式"对话框

该对话框由"数字""对齐""字体""边框""填充"和"保护"6 个选项卡组成,其功能如下:

1. "数字"选项卡和"字体"选项卡

"数字"选项卡用于设置单元格数据的类型。在"分类"列表框中可选择类别,有"常规""数值""货币""会计专用""日期""时间""百分比"等,用户可根据需要选择后再进行设置。"常规"类型为默认格式。

2. "对齐"选项卡

在默认方式下,单元格中的文本数据自动左对齐,数字数据(包括日期和时间)自动右对齐。用户也可以根据需要设置对齐方式。使用"对齐"选项卡,可以设置单元格的对齐方式,如图 4 – 27 所示。

图 4 – 27 "对齐"选项卡

(1)"文本对齐方式"选项区。

水平对齐:提供了"常规""靠左(缩进)""居中""靠右(缩进)"等多个选项。

垂直对齐:提供了"靠上""居中""靠下"等多个选项。

(2)"文本控制"选项区。当单元格的列宽不足以显示全部内容时,文本将不能完全显示出来。若数值较长但列宽小于 5 个字节,无法用科学计数法表示,则显示为一串"#"号,这时可通过设置文本控制来处理。

自动换行:对于文本数据,当列宽不够时,可自动换行进行显示。

缩小字体填充:自动缩小文字的字号,使其正好填充满单元格。

合并单元格:将两个或多个相邻的单元格合并为一个单元格,合并后的单元格将只保留该单元格区域左上角单元格的数据。

(3)"方向"选项区。通过单击"文本"按钮、输入角度值或拖动角度线条,可以使单元格中内容竖向排列或旋转一定的角度。

3. "字体"选项卡

"字体"选项卡可以设置单元格中数据的字体、字形、字号、颜色及一些特殊效果,如图 4 – 28 所示。

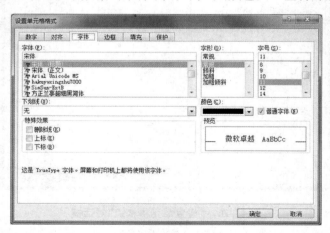

图 4 – 28 "字体"选项卡

4．"边框"选项卡和"填充"选项卡

为了对工作表进行修饰，可以为单元格设置边框和填充效果。

（1）设置边框。默认情况下，Excel 表格线是统一的灰色线条，这些线条只是一种显示效果，在打印输出时是不显示的。如果需要表格在打印时显示线条，可以设置边框线。

"边框"选项卡用于设置单元格的边框线条和颜色，如图 4－29 所示。设置方法：选择线条样式和颜色后，单击预置选项、边框线按钮或预览草图，可以设置边框。

图 4－29　"边框"选项卡

（2）设置填充效果。"填充"选项卡用于设置单元格的背景颜色或填充效果，如图 4－30 所示。用户可以设置某种颜色或图案作为背景，也可以使用"填充效果"按钮，从弹出的对话框中选择渐变颜色。

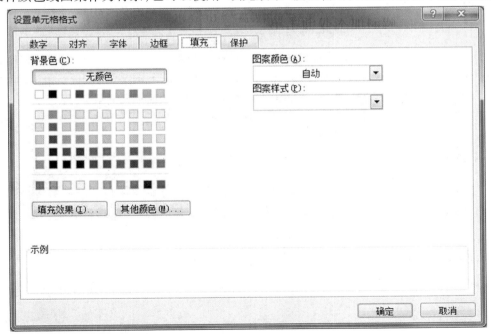

图 4－30　"填充"选项卡

二、设置条件格式

条件格式是指当工作表中的单元格数据满足指定的条件时,Excel 自动按用户预设的格式进行显示。例如,在统计学生成绩时,要将不及格的成绩用红色粗体字标明,则可设置条件为单元格数值小于60。

设置单元格的条件格式的具体操作步骤如下:

(1)选定要设置条件格式的单元格区域。

(2)单击"开始"选项卡"样式"组中的"条件格式"下拉按钮,打开"条件格式"列表,如图4-31所示。

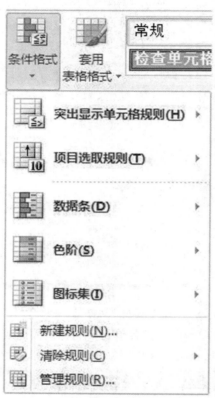

图4-31 "条件格式"列表

(3)选择"突出显示单元格规则"子菜单中的"小于"选项,弹出"小于"对话框,如图4-32所示。

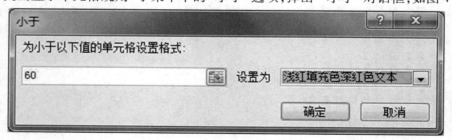

图4-32 "小于"对话框

(4)在对话框中设置数值和文本颜色后,单击"确定"按钮。

(5)若要取消突出显示,可在图4-31所示的"条件格式"列表中选择"清除规则"下的选项。

三、套用表格样式

用户除了可以自己设置工作表的格式之外,还可以选用 Excel 2010 提供的套用表格样式。具体操作步骤如下:

（1）选定单元格区域。

（2）单击"开始"选项卡"样式"组中的"套用表格格式"下拉按钮，弹出"套用表格格式"列表，从中选择需要套用的样式即可，如图 4 - 33 所示。

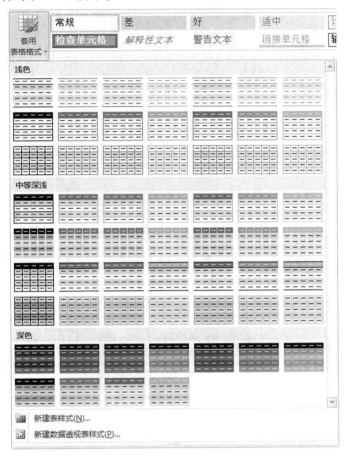

图 4 - 33　"套用表格格式"列表

四、调整行高和列宽

在编辑工作表的过程中，也可根据需要对行高和列宽进行调整。

（一）调整行高

设置行高的方法有以下两种。

1. 使用鼠标拖动调整

将鼠标光标移动到行号分界线，则鼠标光标变成 ↕，拖动鼠标可改变行高，移动时显示行高的数值，在合适行高时松开鼠标完成调整。

如果要同时调整多行的行高，则先选定多行，将鼠标光标移到最后一行下面的行号分界线，鼠标光标变成 ↕，拖动鼠标可改变多行的行高，移动时显示单行的行高数值，到合适行高时松开鼠标完成调整。

2. 使用对话框调整

使用对话框调整具体操作步骤如下：

（1）选择要设置行高的行。

（2）单击"开始"选项卡"单元格"组中的"格式"下拉按钮，在弹出的列表中选择"行高"命令，或从右键快捷菜单中选择"行高"命令，弹出"行高"对话框，如图 4 - 34 所示。

（3）在"行高"文本框中输入所需的行高值。

（4）单击"确定"按钮。

图 4 – 34 "行高"对话框

(二)调整列宽

和设置行高一样,设置列宽的方法也有两种,即使用鼠标和使用对话框。

1. 使用鼠标

将鼠标光标移到列标分界线,则鼠标光标变成 ↔,拖动鼠标到合适位置松开鼠标即可。

如果要同时调整多列的列宽,则先选定多列,将鼠标光标移到最后一列后面的列标分界线,鼠标光标变成 ↔,拖动鼠标到合适位置松开鼠标完成调整。

2. 使用对话框

使用菜单命令设置列宽的具体操作步骤如下:

(1)选择要设置列宽的列。

(2)单击"开始"选项卡"单元格"组中的"格式"下拉按钮,在弹出的列表中选择"列宽"命令,或从右键快捷菜单中选择"列宽"命令,弹出"列宽"对话框,如图 4 – 35 所示。

(3)在"列宽"文本框中输入合适的列宽值。

(4)单击"确定"按钮。

图 4 – 35 "列宽"对话框

第六节　公式和函数的使用

在 Excel 表格处理中,除了在表格中输入数据外,还要进行各种统计计算(如合计、平均等),并把计算结果反映在表格中。Excel 2010 提供了各种统计计算功能,用户根据其提供的运算符和函数在单元格中输入计算公式,Excel 将按计算公式自动进行计算,并在相关数据发生更改后自动重新计算。

一、输入公式

1. 公式的格式

用户可以用运算符把常量、单元格地址、函数及括号等连接起来构成一个表达式,由等号和表达式组成运算公式。

其一般形式为: = 表达式

如以下公式:

= (A1 + B2 + C3)/2 + 50

= A1 + SUM(B1:C5)

= IF(B6 > 0,"合格","不合格")

公式中的常量通常指数字和文本。运算符是公式中各类数据进行运算的特定符号。Excel 中有 4 类运算符:算术运算符、比较运算符、文本运算符和引用运算符。其中常用的算术运算符和比较运算符的含义见表 4-1。

表 4-1　算术运算符和比较运算符

算术运算符	含义	比较运算符	含义
+	加	>	大于
-	减	<	小于
*	乘	=	等于
/	除	< >	不等于
^	乘方	> =	大于等于
-	负号	< =	小于等于
%	百分号	:	区域运算符
&	连接文本	,	联合运算符

2. 公式的输入

输入公式和输入文本类似,用户既可以在单元格中直接输入和编辑公式,也可以在编辑栏中输入和编辑公式。在输入和编辑公式时,被引用的所有单元格名称以不同的颜色显示,同时工作表中相应的单元格边框也以对应的颜色显示,便于用户查看和修改。

如图 4-36 所示的工作表中计算北京地区某年的全年销售量。有以下两种方法输入公式:

(1)单元格中直接输入公式。选定 F3 单元格,直接输入公式"=B3+C3+D3+E3"后,按回车键。

(2)编辑栏中输入公式。选定 F3 单元格后,将光标定位到编辑栏中,输入公式"=B3+C3+D3+E3",按回车键或单击"输入"按钮☑。

图 4-36　输入公式

确认公式输入后,会在单元格直接显示运算结果,而编辑栏中仍然显示公式。

公式中的运算符、数值和标点符号等均为半角形式,一般在英文状态下输入,以免出现错误。如果需要重新输入,可在按回车键之前按"ESC"键或单击编辑栏中的"取消"按钮☒;如果已经按了回车键,则重新选中该单元格,然后按"Delete"键删除,再重新输入公式。

二、编辑公式

当发现某个公式有错误时,可用以下两种方法进行编辑修改:

(1)双击要修改公式的单元格,则单元格恢复公式显示,可在单元格中直接修改,修改完成后按回车键。

(2)选择要修改公式的单元格,在编辑栏中对公式进行编辑修改,编辑完成后按回车键或单击编辑栏中的"输入"按钮☑。

三、单元格引用

在输入公式时,不直接使用单元格中的数据,而使用单元格的名称来指明公式中所使用数据的位置,这种在公式中用单元格名称来描述数据的形式就称为引用。

Excel 公式中的引用实际上就是跟踪数据的变化,引用的使用使得公式变得灵活和实用。当源数据的值在单元格中发生变化时,数据位置不变,公式会按照新的数据重新进行运算;当存放源数据的单元格发生变化时,公式中的单元格引用会跟随数据位置而变化,从而保证了运算结果的正确性。

例如图 4 - 36 中,单元格 F3 中的公式" = B3 + C3 + D3 + E3"中引用了单元格名称 B3、C3、D3、E3,实际就是计算这些单元格中的数据。

在公式中可以引用同一工作表中的其他单元格数据,还可以引用其他工作表甚至其他工作簿中的数据。

单元格引用分为相对引用、绝对引用和混合引用。

1. 相对引用

相对引用是指当把一个含有单元格引用的公式复制或填充到一个新的位置时,公式的单元格引用会随着目标单元格位置的改变而相对改变。

Excel 默认的单元格引用为相对引用,相对引用有以下形式:

单元格相对引用:直接用单元格名称,如 A2 单元格。

连续的单元格区域相对引用:由单元格区域左上角与右下角的单元格名称组成,中间加区域运算符(即冒号),如"A2:F4"表示从 A2 单元格到 F4 单元格形成的矩形区域的所有单元格。

不连续的单元格区域相对引用:不同的区域之间用联合运算符(即逗号)分隔,如"A2,F4"表示 A2 单元格和 F4 单元格组成的区域。

在复制或填充公式时,目标单元格公式中被引用的单元格和目标单元格之间始终保持这种相对位置,这种方式也为相同公式的计算带来了极大的方便。例如图 4 - 37 中将 A4 单元格中的公式" = A1 + A2 + A3"复制到 B4 单元格中,则被粘贴的公式变为" = B1 + B2 + B3";如图 4 - 38 所示,而公式相对于数据的相对位置不变。这一操作,若用向右拖动 A4 单元格填充柄的方式来填充完成,则更加方便快捷。

图 4 - 37 复制公式	图 4 - 38 粘贴后公式

与复制公式不同的是,在移动公式时,公式的单元格引用不会随之变化。

2. 绝对引用

公式在实际使用中有时还需要指定位置固定不变的单元格,这就要用到绝对引用。绝对引用是指当把一个含有单元格引用的公式复制或填充到一个新位置时,公式中的单元格引用不会发生变化。

单元格绝对引用的方法是在引用单元格名称的行和列前加上" $ "符号,如" $ A $ 4"表示 A4 单元格的绝对引用。若绝对引用其他工作表中的数据,还需在单元格前加工作表名和惊叹号"!",如"Sheet2! $ A $ 4"表示 Sheet2 工作表中的 A4 单元格。

公式中的单元格改为绝对引用后,在移动和复制公式时,保持绝对引用不变。

3. 混合引用

相对引用和绝对引用可以混合使用,即混合引用。混合引用有绝对行相对列引用,如" A $ 1""Sheet1! B $ 4"等,还有相对行绝对列引用,如" $ A1""Sheet1! $ B4"等。

在输入公式时,将光标定位到引用的单元格名称上,按"F4"键可在四种引用间切换。也可以直接添加或者删除引用中的绝对符号"＄"来修改引用方式。

在公式中使用绝对引用或混合引用后,可以使用其他工作表中数据进行多表计算。

四、使用函数

使用 Excel 2010 的函数,可以进行数学、文本和逻辑的运算,也可以查找工作表的信息。与直接使用公式进行计算相比较,使用函数的公式更简洁,计算的速度更快,有效减少错误的发生。

Excel 中提供了大量的可用于不同场合的各类函数,分为财务、日期与时间、数学与三角函数、统计、查找与引用等多个类别。

1.函数的概念

函数是一些预先定义的公式,通过使用一些参数来按特定的顺序或结构执行运算,当参数发生变化时,运算结果随之变化。

一个函数由函数名和一对括号组成。括号里面是各个参数,各参数之间用逗号隔开。以常用求和函数 SUM 为例,它的结构是:

SUM(number1 ,number2 ,…)

其中 SUM 是函数名,它决定了函数的功能和用途,也就是将括号内各个参数求和;number1 、number2 、…,就是它的参数,当参数发生改变时,SUM 的计算结果随之改变。

2.函数的输入

用户可以选定单元格,直接输入函数公式。也可以使用"插入函数"对话框进行输入,具体操作步骤如下:

(1)选定要输入函数的单元格。

(2)单击编辑栏中的"插入函数"按钮 f_x,或"公式"选项卡"函数库"组中的"插入函数"按钮,弹出"插入函数"对话框,如图 4 – 39 所示。

图 4 – 39　"插入函数"对话框

(3)在"或选择类别"下拉列表框中选择需要的函数类别,再从"选择函数"列表框中选择需要的函数。

(4)单击"确定"按钮,弹出如图 4 – 40 所示的"函数参数"对话框。

(5)可以在该对话框的参数文本框中直接输入参数,也可以单击参数文本框右侧的折叠按钮,在工作区中选取数据区域,则参数会自动填写,之后再单击折叠按钮展开对话框,单击"确定"按钮。

可以在单元格中直接使用函数进行计算,也可以在编辑公式的过程中插入函数进行混合运算。函数输入完成后,也可以在单元格或编辑栏中对插入的函数进行编辑。

图 4 - 40 "函数参数"对话框

3. 常用函数

(1)求和函数 SUM。SUM(number1,number2,…)

功能:求各参数之和。

(2)求平均值函数 AVERAGE。AVERAGE(number1,number2,…)

功能:求各参数的算术平均值。

(3)求最大值函数 MAX。MAX(number1,number2,…)

功能:求各参数中的最大数值。

例如:A1:B2 单元格区域共有 4 个数字 3,15,6,30,则

MAX(A1:B2)=30,MAX(A1:B2,45)=45

(4)求最小值函数 MIN。MIN(number1,number2,…)

功能:求各参数中的最小数值,使用方法和求最大值类似。

(5)计数函数 COUNT。COUNT(value1,value2,…)

功能:求各参数中数值型数据的个数。

(6)条件计数函数 COUNTIF。COUNTIF(range,criteria)

Range 为进行条件计数的区域,criteria 为设定的条件。

功能:求指定区域中满足条件的单元格数目。

	A17		f_x				
	A	B	C	D	E	F	G
1			成 绩 表				
2	学号	语文	数学	总分	评价		
3	20150001	85	80				
4	20150002	60	45				
5	20150003	56	65				
6	20150004	78	56				
7	20150005	45	42				
8	20150006	75	84				
9	20150007	80	75				
10	20150008	58	46				
11	20150009	86	70				
12	20150010	55	82				
13							
14							
15							

图 4 - 41　成绩表

例如:要统计图 4 - 41 所示的成绩表中数学成绩不及格的人数,该函数使用的具体操作步骤如下:

1)选定输入公式的单元格,如 C13。

2)单击编辑栏中的"插入函数"按钮 f_x,在弹出的"插入函数"对话框的"或选择类别"下拉列表中选择"统计",在"选择函数"列表中选择"COUNTIF",如图 4 - 42 所示。

3)单击"确定"按钮,弹出"函数参数"对话框。在对话框的"Range"框中设置范围为"C3:C12",

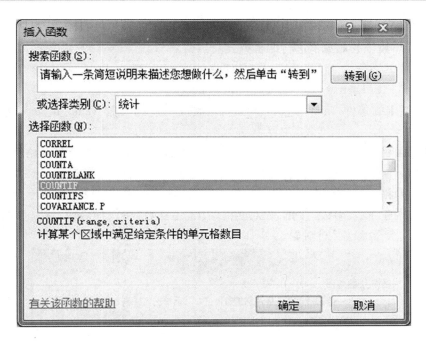

图4-42 选择函数

"Criteria"框中设置条件为"<60",如图4-43所示。

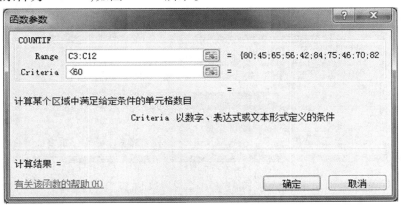

图4-43 设置参数

4)单击"确定"按钮,则单元格中显示统计结果,编辑栏显示公式,如图4-44所示。

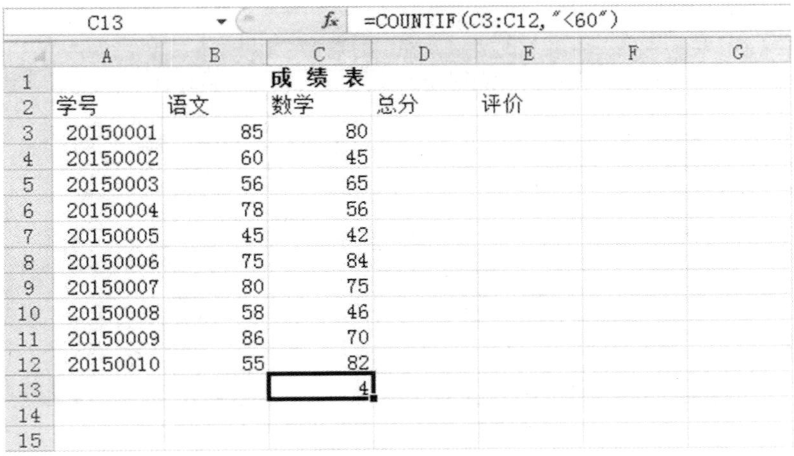

	A	B	C	D	E	F	G
1			成 绩 表				
2	学号	语文	数学	总分	评价		
3	20150001	85	80				
4	20150002	60	45				
5	20150003	56	65				
6	20150004	78	56				
7	20150005	45	42				
8	20150006	75	84				
9	20150007	80	75				
10	20150008	58	46				
11	20150009	86	70				
12	20150010	55	82				
13			4				
14							
15							

C13 的编辑栏显示:fx =COUNTIF(C3:C12,"<60")

图4-44 显示统计结果

(7)四舍五入函数 ROUND。ROUND(number,num_digits)

Number 为数值,num_digits 为保留的小数位数。

功能:按指定的小数位数对数值进行四舍五入。

如:单元格 A1 中的数值为 45.356,则 ROUND(A1,2) = 45.36。

(8)条件函数 IF。IF(Logical_test,value_if_true,value_if_false)

Logical_test 为指定的条件,value_if_true 为条件为真时的返回参数,value_if_false 为条件为假时的返回参数。

例:要在图 4 - 44 的表中的"评价"列填写评价结果,条件是语文和数学都及格为合格,否则为不合格。该函数的具体操作步骤如下:

1)选定"E3"单元格。

2)单击编辑栏中的"插入函数"按钮,在对话框的"常用函数"中选择函数"IF",如图 4 - 45 所示。单击"确定"按钮,弹出"函数参数"对话框。

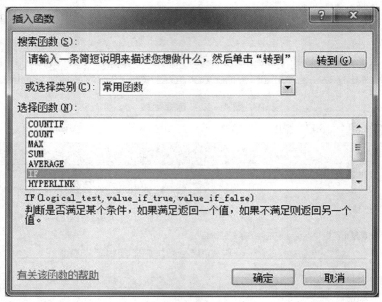

图 4 - 45 选择函数

3)在"函数参数"对话框中的"Logical_test"中设定条件"AND(B3 > = 60,C3 > = 60)","Value_if_true"中设定条件成立时显示为"合格",value_if_false 中设定条件不成立时显示为"不合格","AND"表示括号内两个条件同时成立,待显示的文本须加上英文引号,如图 4 - 46 所示。单击"确定"按钮,则单元格 E3 显示结果"合格",编辑栏显示公式。

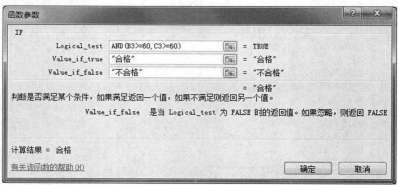

图 4 - 46 设置参数

4)拖动单元格 E3 的填充柄到 E12,则全部评价结果显示在评价列中,如图 4 - 47 所示。

图 4 - 47　显示评价结果

五、自动求和按钮

在"开始"选项卡"编辑"组中提供了"自动求和"按钮 Σ 自动求和 ,可以方便地进行求和运算。单击其右侧的下拉按钮 · ,还可以在弹出的下拉列表中选择求平均值、计数、最大值和最小值等。

如计算上述成绩表中的总分,可使用自动求和按钮。具体操作步骤如下:

(1)选定存放求和结果的单元格 D3。

(2)单击"常用"工具栏的"自动求和"按钮 Σ 自动求和 ,这时单元格将自动出现求和函数 SUM 以及自动识别的求和数据区域,如图 4 - 48 所示。

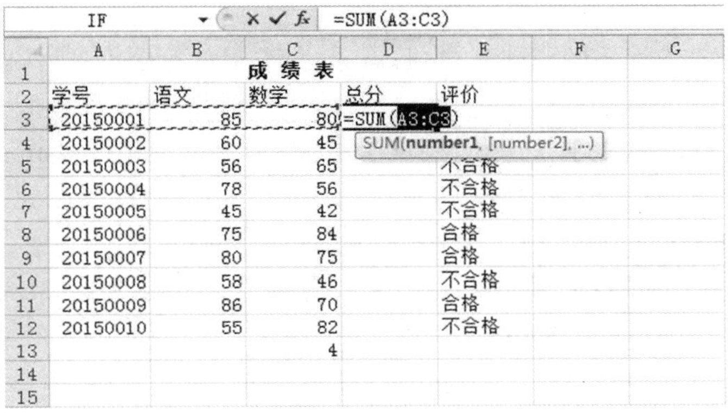

图 4 - 48　自动求和

(3)如果不是该数据区域的单元格求和,可用鼠标拖动重新选择数据区域。若为不连续的数据区域可按住"Ctrl"键的同时进行选择。本例中,学号"20150001"被系统自动识别为求和范围,需要拖动鼠标从 B3 到 C3 重新选择数据区域。

(4)按回车键或单击编辑栏中的"输入"按钮 ,即可在单元格中得到计算结果,编辑栏则显示公式,如图 4 - 49 所示。

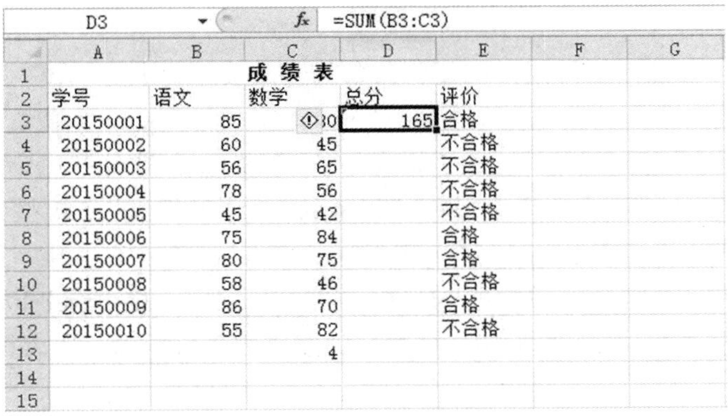

图 4 - 49　自动求和结果

（5）拖动单元格 D3 的填充柄到单元格 D12，释放鼠标，则求出所有的总分，如图 4 – 50 所示。

	D3		fx	=SUM(B3:C3)		
	A	B	C	D	E	F	G
1			成 绩 表				
2	学号	语文	数学	总分	评价		
3	20150001	85	80	165	合格		
4	20150002	60	45	105	不合格		
5	20150003	56	65	121	不合格		
6	20150004	78	56	134	不合格		
7	20150005	45	42	87	不合格		
8	20150006	75	84	159	合格		
9	20150007	80	75	155	合格		
10	20150008	58	46	104	不合格		
11	20150009	86	70	156	合格		
12	20150010	55	82	137	不合格		
13			4				
14							
15							

图 4 – 50 计算所有总分

第七节　数据的管理分析

Excel 2010 在数据管理方面提供了排序、数据筛选、分类汇总等功能，除此之外，还可以使用其提供的各种数据统计函数。

为了便于 Excel 2010 对数据的管理分析，用户在建立工作表时应遵循以下原则：

（1）一张工作表一般只建立一个数据表。

（2）数据表的第一行建立各列的标题，且不出现重复的列标题。

（3）同一列数据（不包含标题）类型一致。

（4）数据区不出现空白的整行或整列。

一、数据排序

一些数据表有时需要按某一列的数值大小对各行进行排序，以查找方便或获得一些有用信息，如对工资表按工资从高到低排序等。若排列的数据为文本，则英文按字母顺序，汉字按拼音的英文字母顺序。

排序的依据是列的标题，称为关键字。有时排序时关键字可有多个，例如：对工资表按工资从高到低排序，对工资相同的再按奖金由低到高排序，所以排序时就要有"工资"和"奖金"两个关键字，以前一个关键字"工资"为主，称为主要关键字，而后一个关键字"奖金"仅当主要关键字无法决定排列顺序时才起作用，称为次要关键字。

1. 单个关键字的排序

单个关键字的排序可以使用工具按钮或菜单命令直接按某一列进行"升序"或"降序"排列。具体操作步骤如下：

（1）单击要排序的列中的任意单元格，如工资表中的"工资"，如图 4 – 51 所示。

（2）根据排序需要，单击"开始"选项卡"编辑"组中的"排序和筛选"下拉按钮，从弹出的列表中选择"升序"或"降序"命令，或直接单击"数据"选项卡"排序和筛选"组中的"升序"按钮 或"降序"按钮 ，或使用右键快捷菜单"排序"子菜单中的"升序"或"降序"命令，则 Excel 2010 自动对整个数据区域各行按关键字"工资"进行排序，标题行不参与排序。如图 4 – 52 所示为工资表按降序排序的情况。

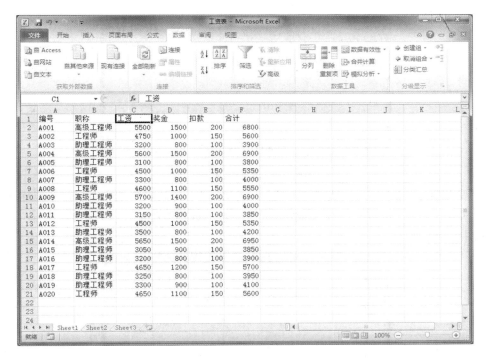

图 4－51　选定工资表排序关键字

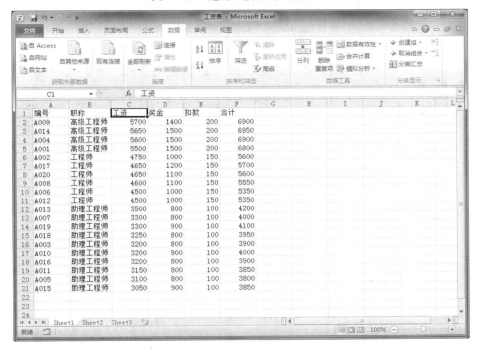

图 4－52　工资表按关键字"工资"的降序排列

2. 多个关键字的排序

例：将图 4－51 所示的工资表按"工资"降序排列,对工资相同部分再按"奖金"降序排序。具体操作步骤如下：

（1）单击数据区任意单元格,单击"开始"选项卡"编辑"组中的"排序和筛选"下拉按钮,从弹出的列表中选择"自定义排序"命令,或单击"数据"选项卡"排序和筛选"组中的"排序"按钮,或使用右键快捷菜单"排序"子菜单中的"自定义排序"命令,打开如图 4－53 所示的对话框。

图4-53 主要关键字设置

（2）在"主要关键字"下拉列表中选择"工资"，在"次序"下拉列表中选择"降序"；单击"添加条件"按钮，对话出现"次要关键字"行，在"次要关键字"下拉列表中选择"奖金"，在对应的"次序"下拉列表中选择"降序"，如图4-54所示。

图4-54 次要关键字设置

（3）单击"确定"按钮，则显示排序结果，如图4-55所示。

图4-55 排序结果

3. 对指定区域排序

若只对数据表的部分行进行排序，可先选定参加排序的行，然后用多个关键字排序的方法进行排序，则选定的行按指定顺序排序，而其他行顺序不变。

二、数据筛选

在数据表中，有时只需要对满足一定条件的行进行操作，这时可以把满足条件的行筛选出来，而把不满足条件的行暂时隐藏起来，以缩小范围，提高工作效率。例如，在图4-51所示的工资表中查找工资最高的工程师,若不筛选行,要从所有行中查找,若按职称为"工程师"进行筛选,则只显示职称为"工程师"的行,查找就非常容易了。

筛选数据的方法有自动筛选和高级筛选两种。

(一)自动筛选数据

在图 4 – 51 所示的工资表中,以筛选职称为"工程师"的行为例。

1. 选择数据筛选

选择数据区任意单元格,单击"开始"选项卡"编辑"组中的"排序和筛选"下拉按钮,从弹出的列表中选择"筛选"命令,或单击"数据"选项卡"排序和筛选"组中的"筛选"按钮,此时数据表各个列标题后出现下拉按钮▼,单击"职称"列中的下拉按钮▼,弹出下拉列表框,如图 4 – 56 所示。在该下拉列表框中只保留勾选"工程师"选项,单击"确定"按钮,则只显示职称为"工程师"的行,状态栏显示为 6 条,如图4 – 57 所示。

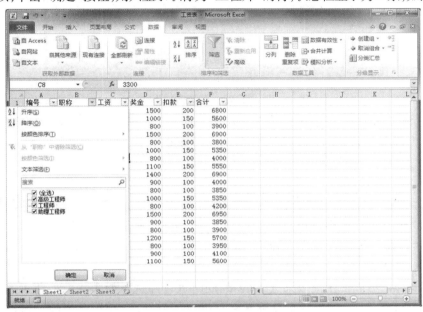

图 4 – 56 "自动筛选"下拉列表

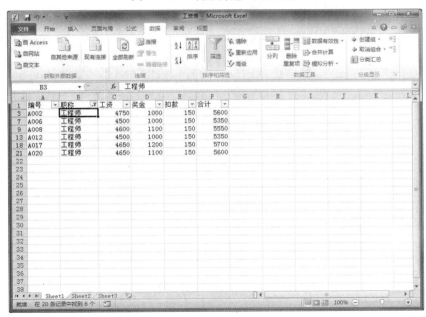

图 4 – 57 筛选结果

也可以选择职称为"工程师"的单元格,使用右键快捷菜单中的"筛选"→"按所选单元格的值筛选"

命令直接完成操作。

2. 用自定义条件筛选

在上述的工资表中,如筛选工资在 3 000 ~ 5 000 的行,这时可用自定义自动筛选方式完成。执行"自动筛选"命令后,单击"工资"列中的下拉按钮 🔽,在弹出的下拉列表框中单击"数字筛选"→"自定义筛选"命令,则打开"自定义筛选方式"对话框,如图 4 - 58 所示。在对话框第一行的两个下拉列表框中设置第一个条件"大于"和"3 000",在第二行的两个下拉列表框中设置第二个条件"小于"和"5 000",并选择中间的"与"单选项,确定两个条件的关系。"与"表示两个条件必须同时满足,而"或"表示两个条件满足任意一个即可。设置完成后,单击"确定"按钮完成筛选。

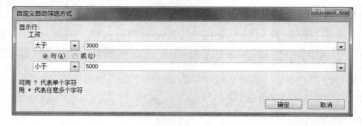

图 4 - 58 "自定义筛选方式"对话框

如果筛选条件涉及多个列,可通过多次筛选完成。如:筛选"职称为工程师且工资小于 4 600"的行,可先筛选职称为"工程师",再用自定义筛选工资"小于 4 600"。

3. 取消筛选

有两种方法可以取消筛选:

(1)再次单击"开始"选项卡"编辑"组中的"排序和筛选"下拉按钮,从弹出的列表中选择"筛选"命令,取消自动筛选。若从该列表中选择"清除"命令,则数据恢复显示,但不退出自动筛选。

(2)再次单击"数据"选项卡"排序和筛选"组中的"筛选"按钮,取消自动筛选。

(二)高级筛选

如果设置条件较多,可以使用高级筛选,对多列同时进行筛选。如图 4 - 51 所示的工资表中筛选工程师工资小于 4 600 元的人员,如果用自动筛选需要两次才能完成,而用高级筛选可以一次完成。具体操作步骤如下:

(1)在表格数据区外的空白位置设置条件区域,如图 4 - 59 所示。

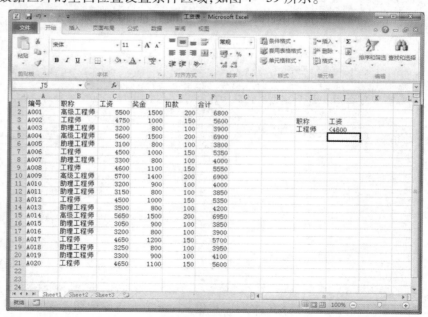

图 4 - 59 设置条件区域

（2）选择数据区任意单元格,单击"数据"选项卡"排序和筛选"组中的"高级"按钮  ,则弹出"高级筛选"对话框,并自动选择和填好数据区域。如果数据区域不正确,可单击"列表区域"的折叠按钮后拖动鼠标重新选择,选择后再单击折叠按钮展开对话框,条件区域可按同样方法用折叠按钮进行选择,如图 4 – 60 所示。

图 4 – 60　设置条件区域

（3）单击"确定"按钮,则显示筛选结果,图 4 – 61 所示。

图 4 – 61　"高级筛选"结果

注意:上述高级筛选设置条件区的数据值放在同一行,为条件同时成立的关系,即"与"的关系;如果高级筛选的条件为只需满足两个条件中的任一个即可,则是"或"的关系,这时设置条件区域时数据值就要放在不同行上(图 4 – 62),这种"或"关系筛选的结果就是所有的工程师及所有工资小于 4 600 元的人员,如图 4 – 63 所示。

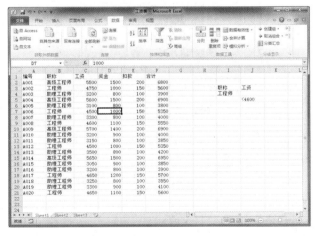

图 4 – 62　设置"或"关系高级筛选条件

图4-63 "或"关系高级筛选结果

取消高级筛选：单击"数据"选项卡"排序和筛选"组中的"清除"按钮 _{清除}，或单击"开始"选项卡"编辑"组中的"排序和筛选"下拉按钮，从弹出的列表中选择"清除"命令。

三、数据分类汇总

分类汇总是数据分析的一种常用方法。使用 Excel 2010 的分类汇总功能，可以为用户分析数据表提供极大的方便。

1. 自动分类汇总

以图4-51的工资表为例，按职称汇总人员的平均工资。在汇总之前，首先按分类列标题排序。具体操作步骤如下：

（1）按"职称"列进行排序。

（2）单击"数据"选项卡"分级显示"组中的"分类汇总"按钮，弹出"分类汇总"对话框，如图4-64所示。

图4-64 "分类汇总"对话框

（3）在"分类字段"（即分类的列标题）的下拉列表中选择"职称"。

（4）在"汇总方式"的下拉列表中选择"平均值"。

（5）在"选定汇总项"列表框中选择"工资"，根据需要可以选择多个列。

（6）根据需要选择对话框中的复选框。

（7）单击"确定"按钮。汇总结果如图4-65所示。

可以看到，汇总的结果中包括了不同职称的平均工资和总的平均工资。

在分类汇总表的左侧出现了"摘要"按钮 ■ 。"摘要"按钮 ■ 出现的行就是汇总数据所在的行。单

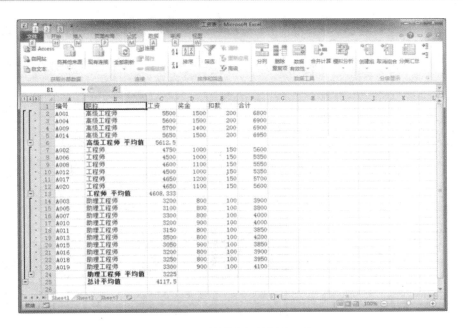

图 4 - 65　按职称汇总平均工资

击该按钮变成 ➕，且隐藏该类数据，只显示该类数据的汇总结果。单击 ➕ 按钮，会使隐藏的数据恢复显示。在汇总表的左上方有分级显示按钮组 ① ② ③，单击按钮 ①，只显示总的汇总结果，不显示数据；单击按钮 ②，显示总的汇总结果和分类汇总结果，不显示数据；单击按钮 ③，显示全部数据和汇总结果。

2. 取消分类汇总

若要取消分类汇总，则选中数据区任意单元格，单击"数据"→"分类汇总"命令，出现"分类汇总"对话框（见图 4 - 64），单击"全部删除"按钮，则取消汇总数据。

第八节　数据的图表化

图表是表现工作表数据的另一种方式。根据工作表中的数据，可以创建直观、形象的图表，当工作表中的数据发生变化时，图表也会自动更新。图表建立后，还可以对其进行修饰（字体、颜色、图案等），使图表更加美观。

一、创建图表

打开已建立的工作表"企业销售统计表"，如图 4 - 66 所示。创建图表有以下两种方法。

	A	B	C	D	E	F
1	企业销售统计表					
2	地区	第一季度	第二季度	第三季度	第四季度	全年合计
3	北京	8500	9500	8750	9600	36350
4	上海	9600	8900	9950	12500	40950
5	天津	6200	7800	8200	8800	31000
6	南京	7560	8500	8600	9300	33960
7	郑州	6800	8200	8650	9600	33250

图 4 - 66　销售统计表

方法一：

（1）选择要创建图表的数据区域（包括标题行），如 A2：E7。

（2）单击"插入"选项卡，在"图表"组中选择一种图表类型，如"柱形图"下拉按钮，从弹出的列表中选择"簇状柱形图"，即可创建嵌入式图表，如图 4 - 67 所示。

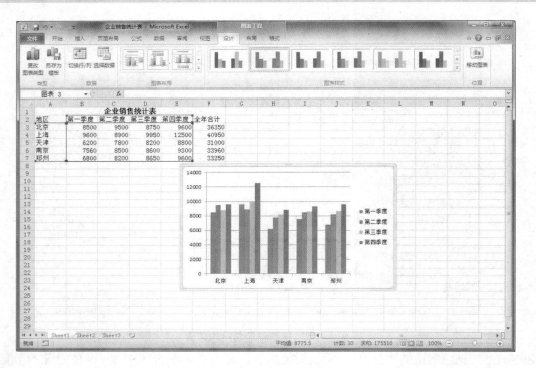

图 4 – 67　创建图表

方法二：

（1）选择要创建图表的数据区域 A2：E7。

（2）单击"插入"选项卡"图表"组中的对话框启动器,打开"插入图表"对话框,如图 4 – 68 所示。

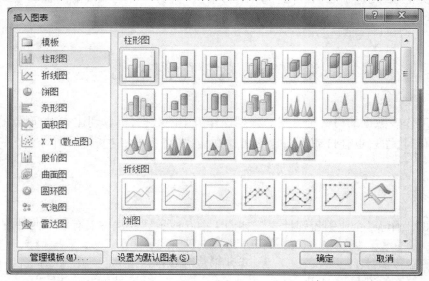

图 4 – 68　"插入图表"对话框

（3）在"插入图表"对话框的左侧窗格中选择"柱形图",从右侧窗格中选择"簇状柱形图",单击"确定"按钮,则同样生成图 4 – 67 所示的图表。

二、图表的编辑

1. 图表的组成

图表分为图表区、图表标题、坐标轴、坐标轴标题、网格线、数据系列和图例等几个部分,如图 4 – 69 所示。

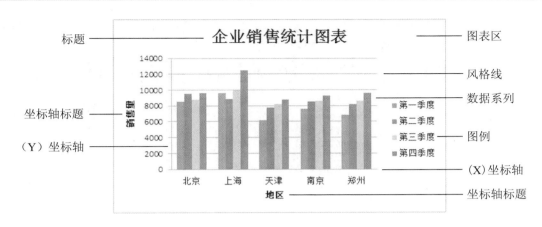

图 4-69　图表的组成

2. 图表的编辑

创建的图表可以根据数据区的变化自动更新。选中图表后,将在工作界面出现"图表工具",包括"设计"、"布局"和"格式"3 个选项卡,分别针对图表的设计、图表数据的布局和图表的格式设置等方面。

(1)图表位置和大小的调整。与 Word 中图片的调整方法类似。

(2)图表中对象的移动和大小调整。图表中的一些对象如绘图区、图例、标题等,可以在图表区内进行移动和大小调整。方法与图片的调整方法类似。

(3)图表中对象的删除。选中要删除的对象,直接按"Del"键删除。

(4)通过"设计"选项卡(如图 4-70 所示),可以更改图表类型、布局和样式,以及切换图表的行列位置或重新定义数据区等。

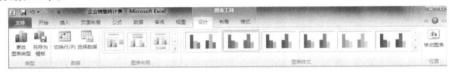

图 4-70　"设计"选项卡

(5)通过"布局"选项卡(如图 4-71 所示),可以对图表标题、坐标轴标题以及数据标签等内容进行布局和设置,还提供了在图表中插入图片、形状、文本框等功能。

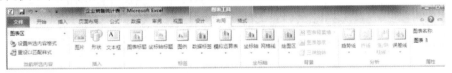

图 4-71　"布局"选项卡

3. 图表的格式化

(1)图表的文字格式化。图表标题、坐标轴标题和图例文字等,可以按下列方法进行设置:

1)单击图表区,选中要设置的文字对象,如图表标题。

2)选择"格式"选项卡(如图 4-72 所示),在"形状样式"组中选择一种样式,设置文字的背景、外框和阴影样式,或者单击"形状填充"按钮、"形状轮廓"按钮、"形状效果"按钮,定义文字的格式效果。

3)单击"艺术字样式"组中的某一种艺术字样式,可以将文字设置成艺术字效果。

图 4-72　"格式"选项卡

(2)图表区格式化。双击图表区,打开"设置图表区格式"对话框,如图4-73所示。在对话框的左侧选择要设置的选项后,再在对话框的右侧进行具体设置。

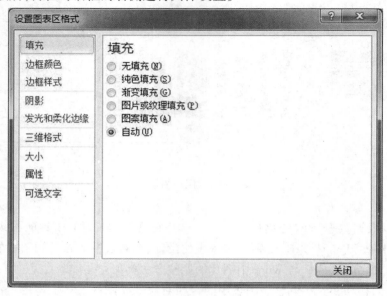

图4-73 "图表区格式"选项卡

第九节 工作表的打印

如果需要将工作表打印出来,则在打印之前首先要进行页面布局。

一、页面布局

页面布局是利用"页面布局"选项卡中的命令按钮完成的,包括设置主题、纸张大小、纸张方向、页边距、页眉/页脚和打印区域等。

单击"页面布局"选项卡"页面设置"组中的对话框启动器,打开"页面设置"对话框,如图4-74所示。

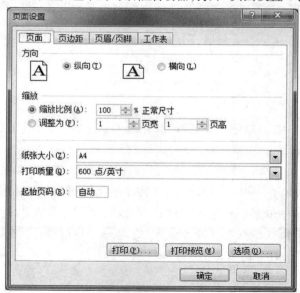

图4-74 "页面设置"对话框

在"页面设置"对话框的"页面"选项卡中可设置纸张大小、方向、缩放比例,在"页边距"选项卡中可设置页边距的大小和页面居中的方式,在"页眉/页脚"选项卡中可选择系统预定的内容或自定义页眉和页脚,在"工作表"选项卡中可选择打印的区域、标题和网格线等。

二、"页面布局"视图

Excel 2010 的视图方式有"普通"视图、"页面布局"视图、"分页预览"视图和"全屏显示"视图等,用户可以通过"视图"选项卡进行设置,也可以通过窗口状态栏右侧的视图切换区按钮进行切换,如图4-75所示。

图4-75　视图切换区

默认视图方式为"普通"视图,用户可根据需要选择其他视图方式。单击"视图"选项卡中"工作簿视图"组中的"页面布局"按钮,或视图切换区中的"页面布局"按钮,即可进入"页面布局"视图,如图4-76所示。

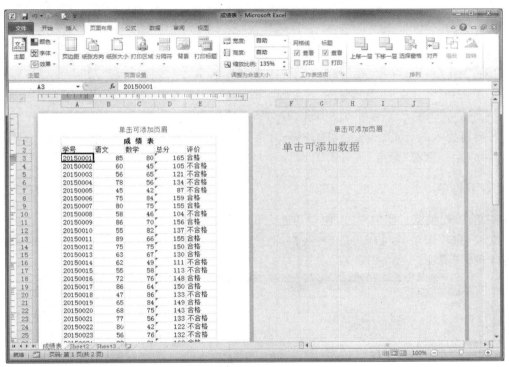

图4-76　"页面布局"视图

"页面布局"视图提供了"所见即所得"的排版方式,用户可以直接在页面上添加页眉,还可以通过视图切换区的缩放比例工具或"页面布局"选项卡"调整为合适大小"组中的"缩放比例"缩放页面内容使之适合页面宽度。

"页面布局"视图下,分页后会使表格内容显得不连续。为了使表格内容保持连续,可以使用"分页预览"视图。单击"视图"选项卡中"工作簿视图"组中的"分页预览"按钮或视图切换区中的"分页预览"按钮,即可进入"分页预览"视图,如图4-77所示。

在"分页预览"视图编辑状态下,可以看到工作表分页处用蓝色线条表示,称为分页符,分页符有水平分页符和垂直分页符。若用户未设置分页符,则 Excel 2010 根据页面大小自动分页,并用虚线表示,否则用实线表示。每页均有第×页的水印。

将鼠标指针移动到分页符,指针呈双向箭头,拖动分页符到目标位置,则会按新位置重新分页。

如果页面需要分页,将一些内容打印到下一页,也可插入分页符。方法是:单击分页符插入位置(新页左上角单元格),单击"页面布局"选项卡"页面设置"组中的"分隔符"下拉按钮,从中选择"插入分页

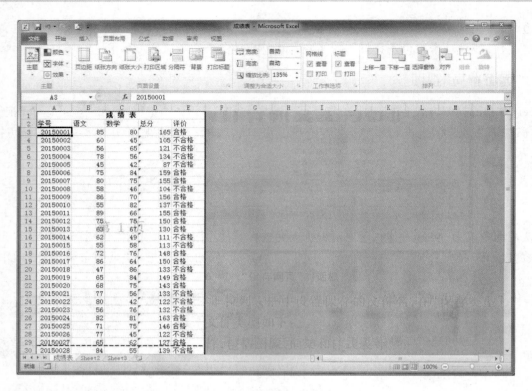

图 4 - 77 "分页预览"视图

符"命令。若要将插入的分页符删除,可选择分页符下面一行的任意单元格,单击上述"分隔符"下拉按钮,从中选择"删除分页符"命令。

三、打印工作表

在打印之前要先预览打印效果,以便对其进行调整。

单击"文件"选项卡中的"打印"命令,或快速访问工具栏中的"打印预览"按钮 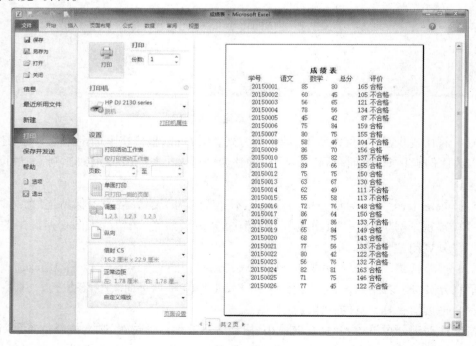 ,进入如图 4 - 78 所示的"打印预览"界面。

图 4 - 78 "打印预览"界面

在"打印预览"界面中,可以进行打印机属性和打印设置,设置完成后,单击"打印"按钮即可按要求打印。

习题四

一、填空题

1. 在 Excel 2010 中,一个工作簿最多可包括 _____ 个工作表,新建工作簿默认包含 _____ 个工作表。

2. 将鼠标指针指向某工作表标签,按"Ctrl"键拖动标签到新位置,则完成_____操作;若拖动过程中不按"Ctrl"键,则完成_____操作。

3. 在默认方式下,数字数据自动对齐方式是_____,文本数据自动对齐方式是_____。

4. 在单元格内输入系统当前日期应按_____组合键,输入系统当前时间应按_____组合键。

5. 若活动单元格中数值数据为 6 258.35,则单击 `%` 按钮,数据显示为_____;单击 `,` 按钮,数据显示为_____;单击 按钮,数据显示为_____。

6. 对数据进行分类汇总前,必须对数据按分类字段进行_____操作。

7. Excel 2010 提供了_____、_____和_____等数据管理分析功能,还提供了各种数据统计函数。

8. 如果 A1:A5 包含数字 6、8、12、25、15,则 MAX(A1:A5) = _____。

9. Excel 中,表示 sheet1 中第 2 行第 3 列的绝对地址是_____。

10. 在当前工作表中,假设 B5 单元格的公式是" =SUM(B2:B4)",将其复制到 D5 单元格后,公式变为_____;将其复制到 E7 单元格,公式变为_____。

二、选择题

1. 在 Excel 数据环境中,用来存储和处理工作数据的文件称为( )。

A. 工作表   B. 工作簿

C. 图表   D. 数据库

2. 在 Excel 2010 中,将下列概念按由大到小的次序排列,正确的次序是( )。

A. 工作表、单元格、工作簿   B. 工作表、工作簿、单元格

C. 工作簿、工作表、单元格   D. 工作簿、单元格、工作表

3. 在 Excel 2010 中,在单元格中输入公式,应首先输入的是( )。

A. :   B. =

C. ?   D. ="

4. Excel 2010 中选择多个不连续单元格区域,配合鼠标操作的键是( )。

A. Alt   B. Ctrl

C. Shift   D. Enter

5. 若在任意单元格的左方插入一个单元格,则可在打开的"插入"对话框中选择( )。

A. 活动单元格下移   B. 活动单元格右移

C. 整行   D. 整列

6. 将 B2 单元格的公式" =A1 + A2"复制到 C3 单元格中,则 C3 的公式为( )。

A. =B1 + B2   B. =A1 + A2

C. =B2 + B3   D. =C1 + C2

7. 要对图表进行修改,下列说法正确的是( )。

A. 先修改工作表的数据,再对图表作相应的修改

B. 先修改图表中的数据,再对工作表中相关数据进行修改

C. 若修改工作表中的数据后,图表会自动同步更新

D. 若删除了工作表中的某个列标题,则图表中对应的数据系列也被删除

8. Excel 中对单元格的引用有( )、绝对引用和混合引用。

A. 活动地址   B. 存储地址

C. 相对引用   D. 交叉引用

9. 在 Excel 中,F1 单元格中的公式为"= A3 + B4",若将 B4 单元格删除,则 F1 单元格中的公式将变为( )。

A. = A3 + C4   B. = A3 + B4

C. #REF!   D. = A3 + B5

10. 在 Excel 中,要修改工作表的标签名,可以在标签上( )。

A. 单击鼠标右键   B. 单击鼠标左键

C. 双击鼠标左键   D. 双击鼠标右键

三、简答题

1. 简述工作簿、工作表、单元格及单元格区域的概念。

2. 如何在一个工作簿中复制或移动工作表?

3. 如何在工作表中移动或复制单元格数据?

4. 简述绝对地址和相对地址的区别。

5. 简述数据管理分析的具体内容。

四、上机操作题

在 Excel 2010 中制作一个如图所示的学生成绩表,并按要求完成操作:

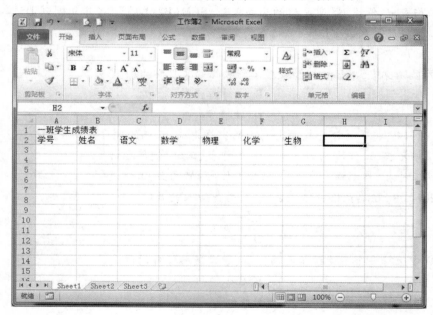

(1)输入 10 个学生的成绩,单科成绩在 0～100 之间。

(2)在成绩表的右边增加一列"平均成绩",并用函数计算出平均成绩。

(3)成绩表按"平均成绩"由高到低排序。

(4)标题合并居中,设置为楷体、加粗、字号为 20。

(5)用红色显示各科不及格的成绩,绿色显示高于 90 的成绩。

第五章　PowerPoint 演示文稿制作

【本章要点】

（1）PowerPoint 2010 概述。

（2）演示文稿的操作。

（3）演示文稿的编辑。

（4）演示文稿的外观设置。

（5）演示文稿的放映。

　　PowerPoint 2010 是微软公司 Microsoft Office 2010 办公软件的组成部分之一，能够方便地制作出内容丰富、相互联系、有声有色的多媒体演示文稿，是目前非常流行的幻灯片制作软件。它具有界面直观、制作简单等特点，广泛应用于网络会议、产品展示、学术交流、教育教学等各个方面。

第一节　PowerPoint 2010 概述

　　PowerPoint 2010 演示文稿是由多张幻灯片组成的，这些幻灯片经过编辑、整理后形成一个相互关联的整体，可以直接在计算机上播放或连接投影仪播放。

一、工作窗口简介

　　选择"开始"→"所有程序"→"Microsoft Office"→"Microsoft　PowerPoint 2010"命令，或者双击桌面上 Microsoft PowerPoint 2010 快捷方式图标，即可打开 PowerPoint 2010 工作窗口，如图 5－1 所示。

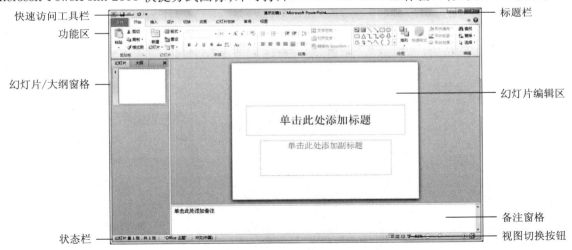

图 5－1　PowerPoint 2010 工作窗口

PowerPoint 2010 工作窗口和其他 Microsoft Office 2010 组件的窗口基本相同，主要由标题栏、功能区、快速访问工具栏、幻灯片编辑区、幻灯片/大纲窗格、备注窗格、视图切换按钮和状态栏等组成。

1.幻灯片/大纲窗格

利用"幻灯片/大纲"窗格，可以快速查看和选择文稿中的幻灯片。"幻灯片"窗格显示幻灯片的缩略图,切换到"大纲"窗格则显示幻灯片的文本大纲。在大纲视图窗格中,可方便地插入、复制、移动、删除整张幻灯片。单击该窗格右上角的关闭按钮 ⊠,大纲视图窗格缩为左边的一条竖线,拖动竖线可显示大纲视图窗格并可调整窗格的大小。

2.幻灯片编辑区

幻灯片编辑区是编辑幻灯片的主要区域,在其中可以为当前幻灯片添加文本、图片、图形、声音和影片等,并进行各种编辑,还可以创建链接和设置动画效果。

3.备注窗格

备注窗格用于为每张幻灯片添加备注信息,放映时这些信息不会显示。

4.视图切换按钮

窗口下面有4个视图切换按钮 ⊞ ⊞ ⊞ ⊒,分别是"普通视图"按钮、"幻灯片浏览"按钮、"阅读视图"按钮和"幻灯片放映"按钮,其中"幻灯片放映"按钮为从当前幻灯片开始放映的按钮。单击相应的按钮可在不同的视图模式中预览演示文稿。

二、视图方式

PowerPoint 2010 提供了多种视图方式来显示演示文稿,包括普通视图、幻灯片浏览视图、备注页视图、阅读视图、幻灯片放映视图和母版视图等。用户可以根据需要,选择不同的方式来浏览或编辑演示文稿。单击"视图"选项卡,打开"视图"功能区,如图5-2所示。单击"演示文稿视图"组或"母版视图"组中的对应按钮,可切换到不同的视图模式。

图5-2 "视图"功能区

1.普通视图

普通视图是 PowerPoint 2010 创建演示文稿的默认视图,是最常用的视图方式,大部分的编辑制作都是在普通视图中完成的,图5-1所示的界面即为普通视图。

在普通视图中,可以同时对演示文稿的大纲、幻灯片和备注进行输入、查看和修改,可以通过拖动窗格的分界线改变窗格的大小,以适应编辑的需要。

2.幻灯片浏览视图

单击"幻灯片浏览"按钮,可切换至幻灯片浏览视图,如图5-3所示。

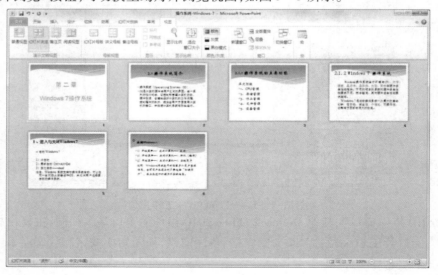

图5-3 幻灯片浏览视图

在幻灯片浏览视图中,以缩略图的形式来显示演示文稿,便于从整体上对演示文稿进行浏览。在该视图中可以对幻灯片的背景和配色方案进行调整,可以添加、删除、复制和移动幻灯片,还可以方便地设置幻灯片的切换效果。双击某一幻灯片,可进入此幻灯片的普通视图界面。

3.备注页视图

单击"备注页"按钮,可切换至备注页视图,如图5－4所示。

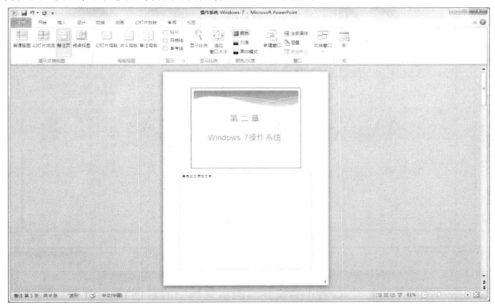

图5－4 备注页视图

在备注页视图中,备注内容显示在幻灯片下面的文本框中,用户可以查看和编辑每张幻灯片的备注内容。

4.阅读视图

单击"阅读视图"按钮,可切换至阅读视图,如图5－5所示。

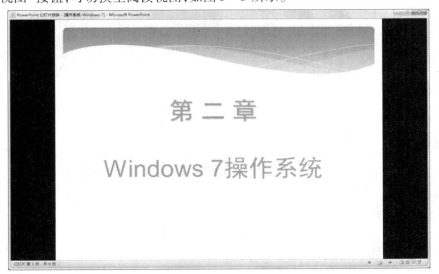

图5－5 阅读视图

阅读视图没有编辑功能,仅显示标题栏和状态栏。阅读时可单击鼠标左键往后翻页,或转动鼠标滚轮进行前后翻页,按键盘"ESC"键可退出阅读视图状态。

5.幻灯片放映视图

在这种视图方式下,以全屏方式放映幻灯片,包括声音、视频、动画等各种效果,如图5－6所示。放映时可单击鼠标左键或按回车键（空格键）进行顺序播放，转动鼠标滚轮可向前或向后播放，也可通过幻灯片左下角的工具栏 ▭ 或右键快捷菜单进行播放，按"ESC"键可退出放映视图。

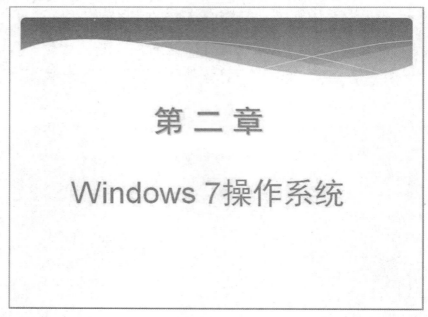

图 5 - 6　放映视图

　　通常情况下演示文稿是彩色模式，若不需要显示演示文稿中的彩色，可将视图切换至灰度或黑白模式。单击"视图"选项卡的"颜色/灰度"组中的"灰度"或"黑白模式"按钮，即可切换至相应的模式，同时出现"灰度"或"黑白模式"选项卡，单击选项卡中的对应选项，如选择"灰度"选项卡中的"浅灰度"按钮，效果如图 5 - 7 所示。

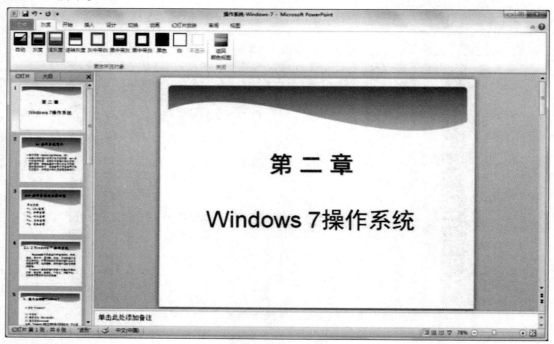

图 5 - 7　灰度模式

单击"返回颜色视图"按钮，可以退出灰度或黑白模式。

第二节　演示文稿的操作

演示文稿的操作就是对演示文稿文件进行操作,新建一个演示文稿就生成一个扩展名为 pptx 的文件。演示文稿文件创建后,可以进行保存、打开和关闭等操作。

一、新建演示文稿

当启动 PowerPoint 2010 窗口后,自动新建一个名为"演示文稿1"的空白演示文稿,或单击快速访问工具栏中的"新建"按钮 📄,新建一个空白演示文稿。

此外用户还可以根据模板或主题创建带有预定内容和格式的幻灯片,如"相册""培训"和"宣传手册"等,以提高工作效率。具体操作步骤如下:

(1)单击"文件"选项卡,在弹出的下拉菜单中选择"新建"命令,即可显示可用的模板和主题,也可选择"Office. com 模板",从网上下载所需模板,如图 5 - 8 所示。

(2)选择任一主题或模板,即可创建一张新的幻灯片,新幻灯片包含有预定义的内容和格式,如图5 - 9所示。

图 5 - 8　通过模板或主题创建演示文稿

图 5 - 9　新演示文稿包含有预定义的内容和格式

二、保存演示文稿

在创建完演示文稿后,需要将其保存起来以便下次使用。保存演示文稿的具体操作步骤如下:

(1)选择"文件"选项卡,在弹出的下拉菜单中选择"保存"命令,或者单击快速访问工具栏中的"保存"按钮，弹出如图5-10所示的"另存为"对话框。

图5-10　"另存为"对话框

(2)选择保存位置,在"文件名"文本框中输入演示文稿的名称,在"保存类型"下拉列表中选择要保存的文件类型。

(3)单击"保存"按钮。

三、打开和关闭演示文稿

1.打开演示文稿

打开一个现有的演示文稿,具体操作步骤如下:

(1)单击"文件"选项卡,在弹出的下拉菜单中选择"打开"命令,或单击快速访问工具栏中的"打开"按钮，弹出如图5-11所示的"打开"对话框。

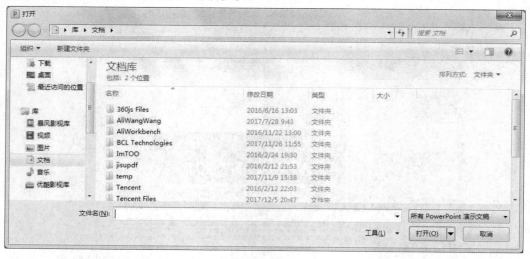

图5-11　"打开"对话框

（2）在左窗格中选择演示文稿所在的文件夹位置。

（3）在右窗格中选择要打开的演示文稿，然后单击"打开"按钮。

若计算机已经安装 Powerpoint 2010，可直接双击要打开的演示文稿文件，则会启动 Powerpoint 2010 并打开演示文稿。

2. 关闭演示文稿

单击"文件"选项卡，在弹出的下拉菜单中选择"关闭"命令。

第三节　演示文稿的编辑

新建演示文稿后，可以根据其内容组成部分，确定演示文稿中每一张幻灯片的文字标题，并对每一张幻灯片进行设计。用户可在普通视图的"幻灯片／大纲"窗格中完成每张幻灯片文字标题的输入，然后在幻灯片编辑区中从第一张幻灯片开始逐张编辑文字内容，并在需要时插入图片、表格等其他对象，完成演示文稿的基本内容。

一、幻灯片标题的输入

PowerPoint 2010 的"幻灯片／大纲"窗格主要用于输入演示文稿的标题和进行幻灯片的管理，它显示了各标题间的层次关系，便于用户组织幻灯片的内容和结构。在"幻灯片／大纲"窗格中单击"大纲"选项卡，打开大纲窗格，如图 5 - 12 所示。

图 5 - 12　大纲窗格

在大纲窗格中输入演示文稿标题的步骤如下：

（1）在第一张幻灯片图标后单击鼠标左键，输入标题，按回车键自动产生第二张幻灯片，同时出现幻灯片编号"2"。

（2）在第二张幻灯片图标后输入第二张幻灯片的标题，按回车键，产生第三张幻灯片，出现幻灯片编号"3"。

（3）依次类推，直至输入完成所有幻灯片的标题，如图 5 - 13 所示。

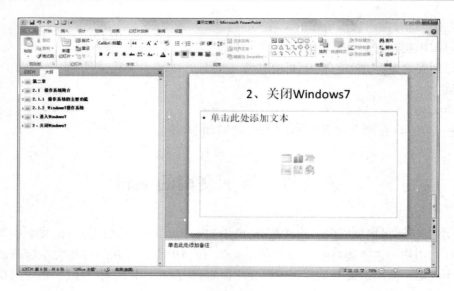

图 5 - 13　在大纲窗格中编辑标题

二、幻灯片的管理

演示文稿的标题完成后,可以根据需要对其布局进行整体的管理,如插入新的幻灯片、移动和复制幻灯片、删除幻灯片等。幻灯片的管理主要在"幻灯片/大纲"窗格或幻灯片浏览视图中完成。

1. 选择幻灯片

对幻灯片进行编辑,首先要选择幻灯片。如果选择单张幻灯片,可直接用鼠标单击进行选择。如果选择多张连续的幻灯片,可先选择第一张幻灯片,再按住"Shift"键,单击最后一张幻灯片;如果选择多张不连续的幻灯片,可按住"Ctrl"键后,逐个单击要选择的幻灯片。

选择所有的幻灯片,可用"开始"选项卡"编辑"组"选择"下拉按钮 [图标] 中的"全选"命令,或在"幻灯片/大纲"窗格中直接按"Ctrl + A"键。

2. 插入幻灯片

插入幻灯片具体操作步骤如下:

(1)选择要插入幻灯片的位置。

(2)单击"开始"选项卡"幻灯片"组中的"新建幻灯片"按钮,则插入一张默认版式的幻灯片。单击"新建幻灯片"下拉按钮,从弹出的列表中选择幻灯片版式,则插入一张该版式的幻灯片。

也可在"幻灯片/大纲窗格"中,选定要插入幻灯片的位置,直接按回车键插入默认版式的幻灯片。

3. 删除幻灯片

当演示文稿中的幻灯片不需要时,可将其删除。具体操作步骤如下:

(1)选定要删除的幻灯片。

(2)在所选幻灯片上单击鼠标右键,从弹出的快捷菜单中选择"删除幻灯片"命令。

也可选定要删除的幻灯片后,按"Delete"键删除。

4. 移动和复制幻灯片

通过复制可以创建版面相似的幻灯片,而移动幻灯片主要用于调整幻灯片的位置。

(1)复制幻灯片的具体操作步骤如下:

1)选定要复制的幻灯片。

2)选择"开始"选项卡"剪贴板"组中的"复制"按钮,可以将所选幻灯片复制到剪贴板中再将光标定位到目标位置,单击"剪贴板"组中的"粘贴"按钮。若单击"复制"下拉按钮或"粘贴"下拉按钮,则有更多选项。

也可用组分键、右键菜单命令,或按住"Ctrl"键拖动鼠标的方法完成。

（2）移动幻灯片的具体操作步骤如下：

1）选定要移动的幻灯片。

2）选择"开始"选项卡中的"剪切"按钮，然后将光标定位到目标位置，单击"粘贴"按钮或选择"粘贴"下拉按钮下的选项。

也可用组分键、右键菜单命令，或直接拖动鼠标的方法完成。

三、幻灯片的编辑

一张幻灯片可以由文字、声音、图片和影像等多种对象构成，这些媒体的组合，使得幻灯片更生动、更能确切表达人们的意图。PowerPoint 2010 提供了丰富的设计内容和多种简便的方法，如幻灯片版式、插入图片、艺术字、声音和影片等，大大方便了用户的制作。

1．选择幻灯片版式

用户可以在新建的演示文稿中自由地进行设计和制作，也可以使用 PowerPoint 2010 提供的各种版式进行设计。

应用 PowerPoint 2010 幻灯片版式的具体操作步骤如下：

（1）选定要应用版式的幻灯片。

（2）单击"开始"选项卡"幻灯片"组中的"版式"下拉按钮 图版式，在弹击的版式列表中选择需要的版式，则当前幻灯片更改为该版式，如图 5 – 14 所示。

（3）根据幻灯片版式上的提示，添加所需的对象内容。

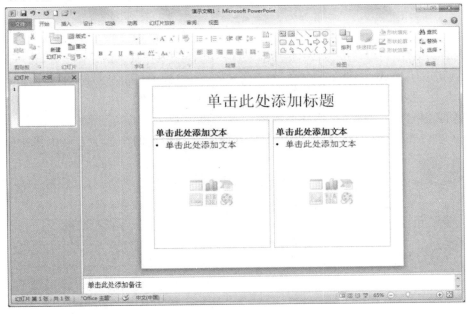

图 5 – 14　应用版式

2．编辑幻灯片版式

新建的幻灯片大多是有版式的，这些版式中有不同的占位符。占位符是幻灯片中的每个对象所占的位置，是包含有内容提示的虚框。占位符可以进行大小调整、方向转动、位置移动和删除等操作，也可以添加版式上没有的对象。

大小调整和方向转动：在占位符内单击鼠标左键，则在边框上出现 8 个可控点和 1 个旋转点，拖动可控点可沿不同方向进行大小调整，按住旋转点转动鼠标则可以旋转占位符。

位置移动和删除：鼠标指针移动到占位符边框，指针形状变为移动方向箭头，单击选定占位符，按住鼠标左键拖动可移动幻灯片到任意位置（包括移动到幻灯片之外），按 Del 键则可直接删除占位符。

3. 添加文本

在幻灯片中添加文本有两种方法：一种是在占位符中直接输入，另一种是利用文本框进行添加。

（1）利用占位符添加文本。利用占位符添加文本，可直接单击占位符中的提示文字，此时文字消失，输入所需文字，然后在占位符外单击，退出编辑状态，如图5－15所示。

图5－15　占位符中添加文本

（2）利用文本框添加文本。利用文本框可以灵活地在幻灯片的任何位置添加文本。单击"开始"选项卡"绘图"组中的"文本框"工具，或"插入"选项卡"文本"组中的"文本框"按钮，在编辑区单击，即可输入文本，输入时文本框大小会跟随变化，如需换行可按回车键。

文本输入完成后可将输入的文字选中，通过"开始"选项卡的"字体"组中的按钮来设置字体、字号、颜色及效果。也可通过"字体"组的对话框启动器或右键快捷菜单中的"字体"命令，打开"字体"对话框进行设置。

4. 插入表格

在 PowerPoint 2010 中，可以通过"插入"选项卡"表格"组中的按钮，插入或绘制表格，也可以将 Excel 表格直接插入其中，还可以从 Word 中将已经制作好的表格复制到幻灯片中。插入表格的具体操作步骤如下：

（1）单击"插入"选项卡"表格"组中的"表格"下拉按钮。

（2）在弹出的表格网络中移动鼠标选择表格大小并单击，则表格插入到幻灯片中，同时出现"表格工具"，包含"设计"和"布局"两个选项卡，如图5－16所示。利用这两个选项卡可以更改表格样式、边框和对表格进行各种编辑，如图5－17所示。

图5－16　插入表格

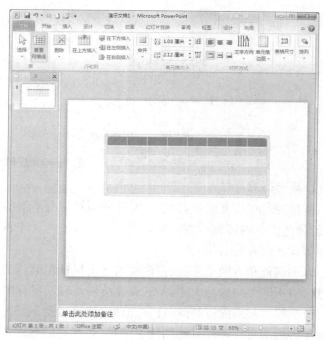

图5－17　编辑表格

5. 插入图像和插图

PowerPoint 2010 提供了插入图片（包括 gif 格式动画）、剪贴画、艺术字、屏幕截图、形状、图表等功能，还提供了"绘图"功能，让用户可以充分发挥自己的想象，制作出图文并茂的演示文稿。插入图片的具体操作步骤如下：

（1）单击"插入"选项卡"图像"组中的"图片"按钮，在弹出的对话框中选择一张图片。

（2）单击"插入"按钮，图片插入到幻灯片中，同时出现"图片工具"，包含"格式"选项卡。

（3）拖动调整图片的大小和位置。

（4）如有需要，可使用"格式"选项卡中的工具调整图片的亮度和对比度、添加艺术效果、修改图片样式，还可以对图片进行旋转和裁剪等。

插入剪贴画、艺术字、屏幕截图、形状和图表等对象，以及"绘图"功能，方法和 Word 中的操作类似。

6. 插入音频和视频

PowerPoint 2010 中提供了在幻灯片放映时播放声音和视频的功能，以增强演示效果。

（1）插入音频的操作步骤如下：

1）选定幻灯片。

2）单击"插入"选项卡"媒体"组中的"插入音频"按钮 ，在弹击的"插入音频"对话框中选择一个音频文件，单击"插入"按钮，即可在幻灯片中插入音频，并出现音频图标 和"音频"工具栏，同时出现"音频工具"，包含"格式"和"播放"两个选项卡，如图 5－18 所示。

3）拖动音频图标上的可控点可以调整音频图标的大小，拖动音频图标可移动位置。使用"格式"和"播放"选项卡中的工具，可以设置音频图标的样式和播放时的声音效果。

图 5－18　所示 插入音频

添加书签：单击"播放"工具栏中的"播放"按钮 ▶，当播放到特定位置时，单击"播放"选项卡"书签"组中的"添加书签"按钮，可以为此位置添加书签标记 ，这个标记在播放时便于快速找到特定位置。

裁剪音频：单击"播放"选项卡"编辑"组中的"剪裁音频"按钮，弹出"剪裁音频"对话框，如图5－19所示。拖动开始或结束滑块，可以指定音频的播放区间。

隐藏音频图标：选中"播放"选项卡"音频选项"组中的"放映时隐藏"复选框，可以在幻灯片播放时隐藏音频图标。

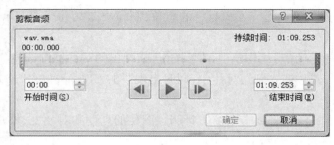

图 5-19 裁剪音频

（2）插入视频。插入视频即在幻灯片中可以插入 avi、mpeg、wmv 等格式的视频文件。插入视频文件的方法和插入音频类似。

插入视频文件后，会出现"视频"工具栏，同时出现"视频工具"，其中包含"格式"和"播放"两个选项卡，如图 5-20 所示。具体调整和使用方法和音频类似。

图 5-20 插入视频

第四节 演示文稿的外观设置

要制作出精美的演示文稿，首先要有统一的外观，如背景样式、标题字体等。为此，PowerPoint 2010 为用户提供了模板、主题和母版等来改变演示文稿的外观，用户也可以自定义幻灯片的外观并将其保存起来，以备使用。

一、模板

在 PowerPoint 2010 中，模板由一张幻灯片或一组幻灯片组成。模板文件的扩展名为 potx。模板包含版式、主题颜色、主题字体、主题效果和背景样式，甚至还可以包含内容。使用模板可以为当前演示文稿中的所有幻灯片配置统一的颜色设置、总体布局。PowerPoint 2010 提供了多种标准模板，用户也可以根据自己的需要创建新的模板。

用户可在新建演示文件时,选择"样本模板"或从网上下载"Office. com 模板"使用(见图 5 - 8)。

除了使用 PowerPoint 2010 提供的模板外,用户也可根据需要自定义模板。创建自定义模板的具体操作步骤如下:

(1)打开已有的演示文稿。

(2)删除演示文稿中的对象,只保留其版式。

(3)单击"文件"选项卡,在弹出的下拉菜单中选择"另存为"命令,从弹出的"另存为"对话框中选择保存类型为"PowerPoint 模板",单击"保存"按钮,则该模板存放在"我的模板"中,在新建演示文稿时可以选择使用。

二、主题

若要使演示文稿具有高质量的外观,需要为其应用一个主题。主题是一组统一的设计元素,包括颜色、字体、图形等。PowerPoint 2010 提供了几十种主题,也可以通过网络下载其他主题。

应用主题可以在新建幻灯片时选择,也可以在编辑幻灯片时选择。在编辑幻灯片时,单击"设计"选项卡,在"主题"组中选择某一主题,即可将其应用到幻灯片中,如图 5 - 21 所示。

图 5 - 21　应用主题

应用某一主题后,可以通过"主题"组右边的"颜色""字体""效果"3 个下拉按钮来对主题的颜色、字体和效果进行修改。

"颜色"下拉按钮:可以更改主题的颜色组合。这些颜色组合分别应用于文字和文字背景、强调字体和超链接。

"字体"下拉按钮:可以为主题选择一种字体组合。该组合分别为标题和正文选择一种字体。

"效果"下拉按钮:可以为主题选择一种线条与填充效果的组合。

还可以对应用的主题进行背景的修改。单击"背景"组中的"背景样式"按钮,在弹出的下拉列表中选择一种背景样式。也可单击"背景"组中的对话启动器,在弹出的"设置背景格式"对话框中单击某一选项,如选择"图片或纹理填充"选项(如图 5 - 22 所示),然后单击"纹理"下拉按钮选择某一纹理,或单击"文件"按钮从弹出的对话框中选择一张图片作为母版背景。

图 5-22 "设置背景格式"对话框

此外,主题也可以应用于幻灯片中的表格、SmartArt 图形、形状或图表中。

三、母版

PowerPoint 2010 有 3 种母版,即幻灯片母版、讲义母版和备注母版。幻灯片母版用于更改演示文稿中所有幻灯片的设计和版式,讲义母版用于更改讲义的打印设计和版式,备注母版用于格式化备注页。

1. 幻灯片母版

幻灯片母版可以定义整个演示文稿的主题和幻灯版的版式,如背景、颜色、字体、效果、占位符的大小和位置等。

(1)打开幻灯片母版。单击"视图"选项卡"母版视图"组中的"幻灯片母版"按钮,进入幻灯片母版编辑状态,同时出现"幻灯片母版"选项卡,如图 5-23 所示。

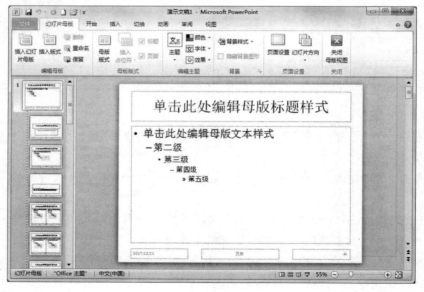

图 5-23 幻灯片母版

（2）编辑幻灯片母版。幻灯片母版的编辑类似于普通幻灯片编辑,用户可以在其中设置文本格式,添加文本框、图形和边框等对象,还可以设置母版的主题和背景。这些设置将作用于演示文稿中,从而统一演示文稿中所有幻灯片的外观。

（3）退出幻灯片母版。单击"关闭母版视图"按钮,则退出幻灯片母版编辑状态。

2.讲义母版

讲义母版用于以讲义格式打印演示文稿,可将多张幻灯片排列在一个页面上,以便于作为讲义打印输出。

单击"视图"选项卡中"母版视图"组的"讲义母版"按钮,进入讲义母版编辑界面,同时出现"讲义母版"选项卡,如图5-24所示。

讲义母版视图下,可进行页面设置、页眉/页脚的设计和主题的编辑等。

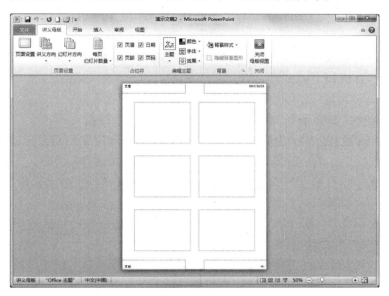

图5-24　讲义母版

3.备注母版

备注母版设置备注页格式,便于打印输出作为讲稿。

单击"视图"选项卡中"母版视图"组的"备注母版"按钮,进入备注母版编辑界面,同时出现"备注母版"选项卡,如图5-25所示。

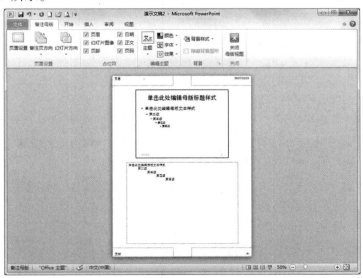

图5-25　备注母版

备注视图中可以对备注页进行设置,具体内容和讲义母版类似。

第五节　演示文稿的放映

在演示文稿的制作中,除了合理设计每一张幻灯片的内容和布局外,还需要控制幻灯片中的文本、声音、图像和其他对象的进入方式和顺序,以达到最佳的放映效果。用户可以在幻灯片浏览视图或大纲窗格中,对幻灯片进行隐藏和切换效果的设置,并为幻灯片中的各种对象设置动画效果等,使演示文稿更加生动精彩。

一、幻灯片的隐藏和切换设置

1. 隐藏幻灯片

对于在放映时不需要播放出来的幻灯片可以通过隐藏的方式,使其暂时不被放映出来。

隐藏幻灯片的操作方法如下:

(1)在普通视图或幻灯片浏览视图中选择要隐藏的幻灯片。

(2)单击"幻灯片放映"选项卡上"设置"组中的"隐藏幻灯片"按钮 。

(3)此时幻灯片的编号上会加一个带有斜线的矩形框 ,表示这张幻灯片被隐藏,在播放演示文稿时不会播放该幻灯片。

如果播放时要重新显示已隐藏的幻灯片,只需选中被隐藏的幻灯片,再次执行上述操作即可。

2. 设置幻灯片的切换效果

切换效果是一种应用在从一张幻灯片切换到另一张幻灯片过程中的特殊效果。在幻灯片之间合理应用切换效果,可以使幻灯片放映时更加生动有趣。

设置幻灯片切换效果的操作方法如下:

(1)在普通视图或幻灯片浏览视图中选择要设置切换效果的幻灯片。

(2)单击"切换"选项卡,在"切换到此幻灯片"组的列表中单击某一切换效果,则会在选择的幻灯片上设置该效果并自动预览。也可单击列表右侧的"其他"按钮 ,从打开的切换效果分类列表中选择,如图 5 – 26 所示。

图 5 – 26　设置幻灯片切换效果

（3）单击"切换到此幻灯片"组的"效果选项"按钮，可对切换效果进行进一步设置。如选择"推进"效果，可设置"自底部""自左侧""自右侧"和"自顶部"等多种不同的路径。

（4）在"计时"组中，可设置幻灯片切换的声音、持续时间和换片方式，如图 5 – 27 所示。

若要取消某一幻灯片的切换效果，则选择该幻灯片，从切换效果中选择"无"即可。

图 5 – 27　切换选项卡的"计时"组

二、设置动画效果

在 PowerPoint 2010 中，除了可以为幻灯片添加切换效果之外，还可以给幻灯片中的各个对象设置动画效果。根据设置动画效果的顺序可以确定各个对象播放的顺序和方式，提高演示的视觉效果。

1. 添加动画效果

为演示文稿中的文本、图片和图形等对象添加动画效果，其操作方法如下：

（1）在幻灯片中选定要设置动画效果的对象。

（2）单击"动画"选项卡，在"动画"组的列表中选择某一动画效果，则在该对象中设置该效果并自动预览，同时在对应对象旁边出现该动画效果在当前幻灯片中的播放顺序编号。也可单击动画列表右侧的"其他"按钮，从打开的切换效果分类列表中选择，如图 5 – 28 所示。

图 5 – 28　设置动画效果

在该列表中动画类型主要有以下 4 类：

进入：设置对象进入放映界面时的动画效果。

强调：重点强调已进入放映界面的某些重要对象。

退出：设置对象离开放映界面时的动画效果，设置后在播放时对象会离开放映界面。

动作路径：对象按照设置的路径进行运动，用户也可以自己定义动画的路径。

（3）单击"效果选项"按钮，可对该动画效果进行进一步设置。

（4）在"计时"组中，可设置动画的开始方式、持续时间和对动画重新排序等，如图 5 – 29 所示。

图 5 – 29　"动画"选项卡的"计时"组

若需取消某一对象的动画效果，则选中该对象，单击"动画"组中的"无"即可。

2. 调整动画顺序

给对象设置动画效果时，一般是按照动画的呈现次序逐个进行添加的。若要改变动画的顺序，可选中要改变顺序的对象，通过"计时"组中的 ▲ 向前移动 或 ▼ 向后移动 按钮进行调整。

也可以单击"高级动画"组中的 动画窗格 ，打开"动画窗格"，如图 5 – 30 所示。在动画窗格中，可以通过重新排序按钮调整动画的顺序，还可以对每个动画进行持续时间的调整和播放预览等。

图 5 – 30　动画窗格

三、添加动作按钮

幻灯片制作中添加动作按钮后，在幻灯片放映时就可以通过这些按钮，切换到指定的幻灯片或启动其他应用程序。PowerPoint 2010 为用户提供了 12 种不同的动作按钮，用户只需要将其添加到幻灯片中并进行设置即可使用。

添加动作按钮的具体操作方法如下：

（1）选定需要添加动作按钮的幻灯片。

（2）单击"插入"选项卡"插图"组中的"形状"下拉按钮，从弹出的列表中选择一种动作按钮，如图 5 – 31 所示。

图 5 – 31　动作按钮

（3）在幻灯片上拖动鼠标绘制出按钮，同时弹出如图 5 – 32 所示的"动作设置"对话框。

图 5 – 32　**"动作设置"**对话框

（4）在该对话框中的"超链接到"下拉列表中选择要链接的位置，如选择"最后一张幻灯片"，则在放映时单击该按钮会直接跳到最后一张幻灯片。若选择"运行程序"，则可直接输入程序文件的位置和名称，也可用"浏览"按钮进行设置，设置完成后单击"确定"按钮。

也可以为文字、文本框、图形或图片等设置动作或建立超链接，以增加演示文稿的交互性。超链接可以链接到"现有文件或网页""本文档中的位置"或"电子邮件地址"等。建立超链接的操作步骤如下：

（1）选中要建立超链接的对象。

（2）单击"插入"选项卡上"链接"组中的"超链接"按钮，如图 5 – 33 所示。

图 5 – 33　**"插入超链接"**对话框

（3）在对话框中设置超链接的地址，单击"确定"按钮。

四、演示文稿的放映

在演示文稿制作中，用户可随时单击窗口下面的"幻灯片放映"按钮 ，从当前幻灯片开始放映，观看全屏幕播放效果，演示完成后按 ESC 键退出，根据情况再进行更改和调整。当整个演示文稿制作好后，可以在计算机屏幕或连接投影仪放映。

演示文稿的放映方法通常有以下几种：

（1）单击"幻灯片放映"选项卡"开始放映幻灯片"组中的"从头开始"按钮或"从当前幻灯片开始"按钮。

（2）按"F5"功能键，从头开始放映。

（3）单击窗口下面的"幻灯片放映"按钮，从当前幻灯片开始放映。

在放映过程中，单击鼠标左键或键盘上的键（如回车键、空格键、"Page Down"键、"→"键等），往后放映；按"Page Up"键或"←"键向前放映；按"ESC"键可随时退出。

放映时，还可以使用鼠标滚轮、右键菜单或屏幕左下角的"幻灯片放映"工具栏 进行控制。如单击"幻灯片放映"工具栏中的"指针选项"按钮 ，在弹出的菜单中可以选择不同的笔和墨迹颜色，在幻灯片上临时涂写，如图 5 - 34 所示；若想擦除涂写的墨迹，可单击"指针选项"按钮 ，从菜单中选择"擦除幻灯片上的所有墨迹"命令。

图 5 - 34　用荧光笔在幻灯片上涂写

除了默认的"演讲者放映（全屏幕）"方式外，用户还可以根据不同的场合，设置其他放映方式。设置放映方式的具体方法如下：

（1）单击"幻灯片放映"选项卡"设置"组中的"设置幻灯片放映"按钮，弹出图 5 - 35 所示的"设置放映方式"对话框。

（2）该对话框提供了"演讲者放映""观众自行浏览"和"在展台浏览"3 种放映类型，用户可从中选择一种需要的放映类型，并设置其他选项。

（3）设置完成后单击"确定"按钮。

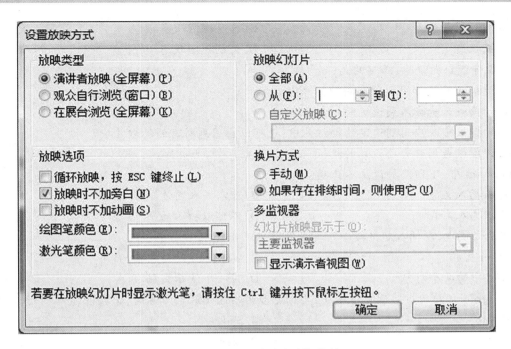

图 5-35　"设置放映方式"对话框

习题五

一、填空题

1. PowerPoint 2010 中,模板是一种特殊的文件,其扩展名为_____。

2. PowerPoint 2010 中常用的视图方式有_____、_____、_____ 和_____ 等。

3. 在 PowerPoint 2010 中,提供了左对齐、右对齐、_____、_____ 和_____ 5 种文本对齐方式。

4. 在幻灯片中添加文本有两种方法:一种是在当前版式的_____中直接输入,另一种是利用_____进行添加。

5. 要隐藏某张幻灯片,可先选定该幻灯片,单击"幻灯片放映"选项卡_____组中的_____按钮。

6. 删除当前演示文稿中的某一张幻灯片,可以用鼠标选中要删除的幻灯片,再按_____键。

7. 要使演示文稿的每张幻灯片都显示某公司的徽标图案,只需将其放在幻灯片的_____上即可实现。

8. 在 PowerPoint 2010 中,若要向幻灯片中插入影片,应选择_____选项卡。

9. 放映演示文稿时,可随时按_____键终止放映。

10. 用户编辑演示文稿时的主要视图是_____。

二、选择题

1. 如果要关闭演示文稿,但不想退出 PowerPoint 窗口,可以采用(　　　)。

　A."文件"选项卡中的"关闭"命令

　B."文件"选项卡中的"退出"命令

　C. 单击标题栏中的"关闭"按钮

　D. 按"Alt + F4"组合键

2. 可对母版进行编辑和修改的状态是(　　　)。

    A. 幻灯片视图状态　　　　　　　　　　B. 普通视图状态

    C. 母版状态　　　　　　　　　　　　　D. 大纲视图状态

3. 关于设计模板的说法,正确的是(　　　)。

    A. 设计模板只能应用到所有的幻灯片中

    B. 设计模板只能应用到选定的幻灯片中

    C. 设计模板可以应用到选定的幻灯片中,也可以应用到所有的幻灯片中

    D. 设计模板是用户自己设计的模板

4. PowerPoint 中,下列哪种说法不正确(　　　)。

    A. 可以插入文字　　　　　　　　　　B. 可以插入图片

    C. 可以插入声音　　　　　　　　　　D. 不可以插入动画

5. 在演示文稿中,在插入超链接中所链接的目标不能是(　　　)。

    A. Excel 文档　　　　　　　　　　　B. Word 文档

    C. 文稿中的某个对象　　　　　　　　D. 另一个演示文稿

6. 在 PowerPoint 的幻灯片浏览视图中,要选定多张不连续的幻灯片时,需按住(　　　)键。

    A. Delete　　　　　　　　　　　　　B. Shift

    C. Ctrl　　　　　　　　　　　　　　D. Esc

7. 下列对于幻灯片的描述,正确的是(　　　)。

    A. 应用模板可以为幻灯片设置统一的外观样式

    B. 不能在窗口中同时打开多个演示文稿

    C. 演示文稿中幻灯片版式必须一致

    D. 可以使用"文件"选项卡中的"新建"命令添加幻灯片

8. PowerPoint 中,下列说法正确的是(　　　)。

    A. 在 PowerPoint 中,不能录制声音

    B. 在幻灯片中插入的声音用一个小喇叭图标表示

    C. 在幻灯片中不能插入影片或声音

    D. 以上说法都正确

9. 要设置幻灯片的切换效果,可以通过(　　　)中的相应按钮来实现。

    A. "插入"选项卡　　　　　　　　　　B. "视图"选项卡

    C. "切换"选项卡　　　　　　　　　　D. "幻灯片放映"选项卡

10. PowerPoint 中,不能实现的功能是(　　　)。

    A. 使两张幻灯片同时放映　　　　　　B. 设置对象出现的先后次序

    C. 设置声音的循环播放　　　　　　　D. 设置同一文本框中不同段落的相互次序

三、简答题

1. PowerPoint 2010 的视图方式有哪些?

2. 怎样将文本、图片、声音、影片等对象加入到幻灯片中?

3. 怎样使演示文稿具有统一的外观?

4. 放映幻灯片有哪些方法?

四、上机操作题

1. 新建一个有多张幻灯片的演示文稿,练习在幻灯片中插入文本、图片和表格等对象,并为这些对象添加动画效果。

2. 用幻灯片制作一张生日贺卡。

第六章　计算机网络及其应用

【本章要点】
(1)计算机网络基础知识。
(2)Internet 及其应用。
(3)IE 浏览器的使用。
(4)信息搜索和文件下载。
(5)收发电子邮件。

计算机网络是计算机技术和通信技术相互渗透、不断发展的产物,尤其是 Internet 的出现和发展,成为人们获得信息最快的手段。目前网络已从计算机扩展到手机、家电和其他产品中,迅速渗透到社会生活的各个方面,改变和影响着人们的工作和生活方式。通过本章的学习,主要掌握计算机网络的基础知识,以及 Internet 的连接和使用等。

第一节　计算机网络基础知识

本节主要介绍计算机网络的功能、组成、分类以及网络的传输介质和协议等基础知识。

一、计算机网络的功能

计算机网络是指分布在不同地理位置上的具有独立功能的多个计算机系统,通过通信设备和通信线路相互连接起来,在网络软件的管理下实现数据传输和资源共享的系统。它是计算机技术与通信技术相互渗透、密切结合而形成的新技术。

计算机网络具有很多功能,其主要功能体现在以下三个方面。

1. 数据传输

计算机网络为分布在不同地点的计算机用户提供了快速传递信息的手段,通过网络可以传送数据、交换信息(如文字、声音、图形、图像和视频等),为人类提供了前所未有的方便。例如,电子邮件和发布新闻等。

2. 资源共享

资源共享是指网络中各个计算机的硬件、软件和数据等资源可以共同使用,从而可以减少信息冗余,节约投资,提高设备利用率。例如,几台计算机可以联网共用一台打印机等。

3. 分布处理

当网上某台计算机的负担过重时,可将部分任务转交给其他空闲的计算机处理,从而均衡计算机的负载,提高处理问题的实时性;对大型综合性问题,可将问题各部分交给不同的计算机分别处理,充分利用网络资源,扩大计算机的处理能力,提高工作效率。

二、计算机网络的组成及分类

1.计算机网络的组成

按照计算机网络的系统功能来划分,计算机网络主要由资源子网和通信子网两部分组成。资源子网和通信子网的关系如图 6-1 所示。

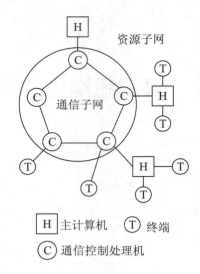

图 6-1　计算机网络的组成

资源子网主要包括联网的计算机、终端、外部设备、各种网络协议和网络软件等,其主要任务是收集、存储和传递信息,为用户提供网络服务和资源共享等功能。

通信子网是把各站点连接起来的数据通信系统,主要包括通信线路(即传输介质)、网络连接设备(如网络接口设备、通信控制处理机、路由器、调制解调器、交换机等)、网络通信协议和通信控制软件等,其主要任务是连接网上的各种计算机,完成数据的传输、交换和通信处理。

2. 计算机网络的分类

计算机网络有不同的分类方法,一般按网络的覆盖面积划分,可分为局域网、城域网和广域网。

(1)局域网。局域网(LAN)是将小区域内的各种通信设备互连在一起的网络,其分布范围局限在一个办公室、一幢大楼或方圆数千米的地域内,以实现资源共享和数据交换。

(2)广域网。广域网(WAN)也称远程网,其分布范围可达数百至数千千米,可以遍布一个国家,也可能是整个世界。Internet 就是一个成功的例子。

(3)城域网。城域网(MAN)的分布范围介于局域网和广域网之间,它所连接的计算机位于同一地区,一般为几公里到几十公里,如一个城市或城镇。

三、传输介质和组网设备

1. 传输介质

计算机网络是将不同的计算机通过一定的传输介质连接在一起的,信息从一台计算机传送到另一台计算机是通过传输介质完成的。网络中常用的传输介质有电话线、双绞线、同轴电缆、光导纤维和微波等。

2. 网络硬件设备

根据不同的配置要求,在网络中选择不同的网络硬件设备。如果进行局域网组网,则需要的硬件设备主要有网络接口卡(简称网卡)、交换机等,其中网卡是每台要连入网络的计算机必不可少的设备,交换机是局域网的基本连接设备。如果需要将计算机连入 Internet,还需要网络互连的设备,如路由器(router)、光调制解调器(简称光猫)等,其中路由器是实现局域网与广域网互连的主要设备,光调制解调器是用户通过光纤接入因特网的设备。

四、网络协议

网络协议是实现计算机之间、网络之间相互识别并正确进行通信的一组标准和规则。网络协议是计算机网络工作的基础。在 Internet 上传送的信息至少通过三层协议:网络协议,负责将信息从一个地方传送到另一个地方;传输协议,负责管理被传送信息的完整性;应用程序协议,通过网络应用程序将传输的信息转换成人类能识别的内容。

一个网络协议主要由语法、语义、同步三部分组成。它规定了数据与控制信息的结构或格式,需要发出何种控制信息,做出何种应答以及事件实现的顺序等。常用的网络协议有以下几种。

1. TCP/IP 协议

TCP/IP 协议是"传输控制协议/网际协议"的英文简称,其中 TCP 协议负责网上信息的正确传输,IP 协议负责将信息从一处传输到另一处。它是最常见的一种网络协议,支持路由选择及广域网和 Internet 访问,能为跨越不同操作系统、不同硬件体系结构的互联网提供通信。Internet 所采用的就是 TCP/IP 协议。

2. NWLink IPX/SPX 协议

这种传输协议是 Novell IPX/SPX 协议的兼容协议,支持中小型网络,支持路由,易于设置,速度比 TCP/IP 协议快。

3. NetBEUI 协议

NetBEUI 是一种 Microsoft 网络协议,它具有速度快和容易配置等优点,但不能实现不同网段间的路由选择,仅适用于小型网络。

第二节 Internet 及其应用

Internet 是全球最大的广域网,拥有丰富的信息资源,使用它可以实现资源的共享和用户之间的信息交流,如浏览信息、传输文件、收发电子邮件等。Internet 资源丰富、方便快捷,在全世界范围内得到广泛的普及和应用,迅速改变着人们的工作方式和生活方式。

一、Internet 概述

Internet 又称"因特网",也称"国际互联网",是一个建立在网络互连基础上的最大的、开放的全球性网络。因特网是全球信息资源的超大型集合体,所有采用 TCP/ IP 协议的计算机都可以加入因特网,实现信息共享和互相通信。

因特网起源于 1968 年美国国防部高级研究计划局(ARPA)资助的 ARPANET,此后提出的 TCP/IP 协议为因特网的发展奠定了基础。1986 年美国国家科学基金会(NSF)的 NSFNET 加入了因特网主干网,由此推动了因特网的发展。20 世纪 90 年代因特网进入腾飞时代,世界各地无数的企业和个人纷纷加入,逐步发展成为今天的因特网。

我国正式接入因特网是在 1994 年 4 月,从此中国的网络建设进入大规模发展阶段。到 1996 年初,我国的 Internet 已形成了中国科技网(CSNET)、中国教育和科研计算机网(CERNET)、中国公用计算机互联网(CHINANET)和中国金桥信息网(CHINAGBN)四大具有国际出口的网络体系。中国科技网、中国教育和科研计算机网主要面向科研和教育机构;中国公用计算机互联网和中国金桥信息网主要向社会提供服务,以经营为目的,属于商业性的组织。

二、网址和域名

1. 网址

因特网上的计算机要相互通信,就必须知道对方所处的具体位置。每一台接入因特网的计算机都被分配一个网络地址,叫作网址,即 IP 地址。连入因特网的每台计算机(包括路由器)都必须有一个唯一的可以识别的地址,就好像电话系统中的每个电话都有唯一的电话号码一样。

IP 地址可分为 IPv4 和 IPv6 两个版本。IPv4 采用 32 位地址长度,大约提供 43 亿个地址。IPv6 是下一代互联网的协议,采用 128 位地址长度,提供的地址几乎不受限制。

目前的互联网是在 IPv4 协议的基础上运行的。IP 地址是由网络标识符和主机标识符两部分组成的。为了便于管理,将每个 IP 地址分为四段,段间用"."号隔开,每段用一个十进制整数表示,每个十进制整数的范围是 0 ~ 255。例如:222.89.0.40 就是一个 IP 地址。

　2. IP 地址的配置

　　计算机要连接 Internet,首先要进行 IP 地址的配置。IP 地址的配置有两种方法:自动获取和人工配置。自动获取为系统默认的网络地址获取方式,由网络中的设备分配地址,每次使用后地址收回,下次联网再重新分配,这种方式可以避免 IP 地址被长期占用,有利于节约 IP 资源;人工配置用于固定网络设备的 IP 地址,在 Internet 中,固定的 IP 地址需要申请并由 Internet 服务商(ISP)分配提供。

　　下面以局域网中设置 IP 地址为例进行介绍:

　　(1)单击"通知区域"中的"网络"图标,在弹出的面板中选择"打开网络和共享中心"超链接,打开"网络和共享中心"窗口,如图 6 - 2 所示。也可通过控制面板完成上述操作。

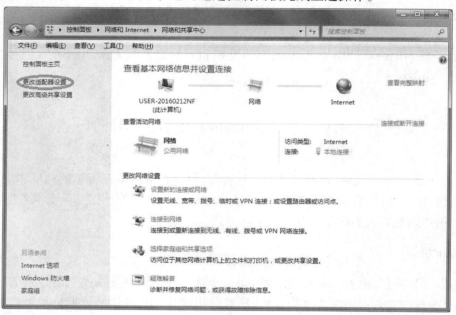

图 6 - 2 "网络和共享中心"窗口

　　(2)单击"网络和共享中心"窗口左窗格中的"更改适配器设置"超链接,打开如图 6 - 3 所示的"网络连接"窗口。在该窗口中可以看到"本地连接"和"无线网络连接",其中"本地连接"为有线连接。

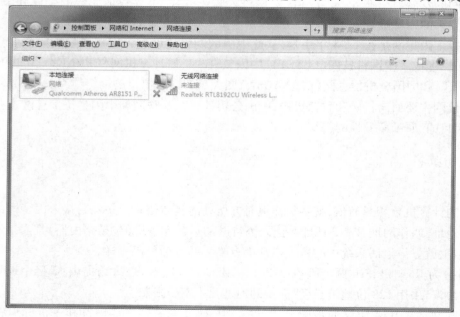

图 6 - 3 "网络连接"窗口

下面以修改有线连接为例进行设置:

1)右键单击"本地连接",在快捷菜单中选择"属性"命令,弹出的"本地连接 属性"对话框,如图6-4所示。

2)双击"本地连接"对话框中的"Internet 协议版本 4(TCP/IPv4)"选项,在弹出的"Internet 协议版本 4(TCP/IPv4)属性"对话框中即可对 IP 地址进行设置,如图6-5所示。设置完成后单击"确定"按钮。

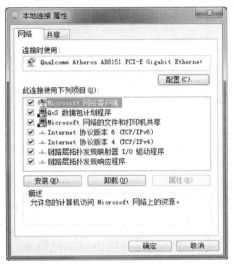

图6-4 "本地连接属性"对话框

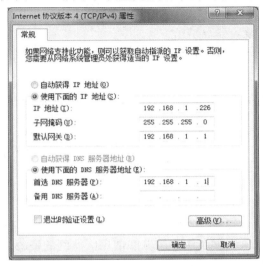

图6-5 IP 地址设置

3. 域名

IP 地址对计算机来说是非常容易识别的,但对人类来说记忆毫无规律的 IP 地址是相当困难的,所以因特网使用了字符形式的 IP 地址,即域名。域名实质上就是用一组具有助记功能的英文简写名代替 IP 地址。为了避免重名,主机的域名采用了层次结构,各层次的子域名之间用"."号隔开,一般格式为:

主机名. 单位名. 机构名. 国家名

常见国家名(包括某些地区)如下:cn 代表中国(China)、hk 代表中国香港(Hong Kong)、tw 代表中国台湾(Tai Wan),jp 代表日本(Japan),uk 代表英国(United Kingdom)等。由于美国最先使用因特网,所以延续了没有国家名的域名。

机构名有以下几类:com 代表商业机构(commercial)、edu 代表教育机构(education)、gov 代表政府机构(government)、net 代表网络系统(network)、org 代表非营利组织(organization miscellaneous)等。

如:新浪网的网址为 www. sina. com. cn,其中 www 为 Web 服务器,sina 为新浪网的注册名,com 表示为商业机构类型,cn 表示中国。

在因特网中,域名与 IP 地址对应,它们都是唯一的,由域名系统(DNS)统一进行管理,网站的域名是通过专门的机构申请的。

三、Internet 的连接

要访问 Internet 就必须将计算机同 Internet 连接起来,目前用户接入 Internet 的方式主要有拨号连接、专线连接、无线连接和局域网连接等。

要接入因特网,还需要 ISP 提供服务。ISP 提供的功能有:分配 IP 地址、网关和 DNS,提供联网软件和接入服务等。如中国电信、中国联通和中国移动等都属于 ISP 服务商。

四、Internet 提供的服务

因特网之所以发展如此迅速,主要是因为它能够提供各种各样的服务。主要包括以下几种:

1. WWW 服务

WWW(world wide web),又称全球信息网、万维网、3W、Web,它是因特网上发展最快和使用最广泛的服务,它使用超文本和链接技术,使用户能以任意次序自由地浏览或查阅各种信息。

2. 电子邮件(E - mail)

通过因特网和电子邮件地址,通信双方可以快速、方便和经济地收发电子邮件,不受地理位置的限制。

3. 文件传输(FTP)

文件传输包括上传和下载功能,为用户提供在因特网上传输各种类型文件的功能。

4. 远程登录(telnet)

远程登录服务允许用户在一台联网的计算机上登录到一个远程计算机的分时系统中,然后像使用自己的计算机一样使用该远程系统。

此外,因特网还提供如网络论坛、即时通信、网络游戏、网络电话、电子商务等多种服务功能。

第三节 IE 浏览器的使用

用户连接上网以后,要使用网络资源,还需要相应的软件来浏览或传输信息,如 Internet Explorer(IE 浏览器)就是一个网络资源的浏览软件。Windows 7 为用户提供了中文版 Internet Explorer 8.0(简称 IE8),大大方便了用户浏览和使用因特网的资源。随着 IE 版本的不断升级,功能也越来越强大。下面介绍 Internet Explorer11.0(简称 IE11)。

一、IE11 窗口介绍

1. 打开 IE11

启动 IE11 常用下列两种方法:

(1)单击"快速启动栏"中的 IE 图标  ;

(2)双击桌面上的 Internet Explorer 快捷方式图标 。

(3)单击"开始"→"所有程序"→"Internet Explorer"命令。

2. 窗口介绍

IE11 的窗口非常简洁,主要由标题栏、地址栏、选项卡、浏览区和一些按钮组成,如图 6-6 所示。

图 6-6 IE11 的窗口

IE11 默认隐藏了菜单栏、状态栏,在地址栏增加了一些常用工具按钮,浏览区通过标签切换显示不同的网页。

（1）标题栏。标题栏位于窗口的最上方,最右侧有"最小化""最大化/还原"和"关闭"按钮。在标题栏任意空白处单击鼠标右键,在弹出的快捷菜单中可选择显示"菜单栏""收藏夹栏"和"状态栏"等。

（2）二合一地址栏。IE11 的地址栏不仅用于输入网址,还具有搜索框的功能。地址栏中有多个工具按钮,这些工具按钮会根据浏览器的不同工作状态有所变化。常见按钮的功能如下:

"转至"按钮 → :输入网址后,单击此按钮可以打开相应的页面。

"显示地址栏自动完成"下拉按钮 ▾ :单击此按钮,可以显示最近的访问地址列表,单击列表中的选项可打开对应的网页。

"搜索"按钮 🔍 :单击此按钮,地址栏变成搜索框,输入搜索关键词,按回车键或单击"转至"按钮 → 可进行网上搜索。

"刷新"按钮 ↻ :单击此按钮,网页将重新加载。

"停止"按钮 ✖ :单击此按钮,正在加载的网页将停止加载。

"安全报告"按钮 🔒 :此按钮用于安全网站。单击此按钮,可以查看安全方面的信息。

（3）选项卡。地址栏右侧的选项卡显示打开的网页名称,一个选项卡对应一个网页,单击选项卡可切换已经打开的网页。选项卡右侧有一个"新建选项卡"按钮 ▢ ,单击此按钮可新建一个选项卡。

单击选项卡上的"关闭"按钮 ✖ ,可关闭此选项卡。在选项卡上单击鼠标右键,弹出快捷菜单,可从中选择需要的操作命令。

（4）"返回"按钮 ◀ 和"前进"按钮 ▶ :位于地址栏左侧,用于查看浏览过的网页。

（5）功能按钮。IE11 窗口的右上角有"主页""收藏夹"和"工具"3 个功能按钮。

"主页"按钮 🏠 :每次启动 IE 时会打开一个选项卡,默认显示主页。单击该按钮,则主页会在当前选项卡中打开。

"查看收藏夹、源和历史记录"按钮 ⭐ :单击此按钮可打开收藏中心,包含收藏夹、源和历史记录。

"工具"按钮 ⚙ :单击此按钮,弹出子菜单,可从中选择命令进行操作。

（6）浏览区。位于地址栏下方,用于显示当前打开的网页内容。

二、浏览网页

启动 Internet Explorer 11,将自动打开用户设置的主页。浏览网页时,移动鼠标指针到图片或文字上面,当鼠标指针变成手形形状🖑时单击,可在一个新的选项卡中打开链接。单击选项卡可以在不同的网页中切换,单击选项卡上的"关闭"按钮 ✖ 可关闭该网页。

用户在地址栏中输入网址后,按回车键或单击地址栏右侧的"转至"按钮 → ,即可打开该网页。如输入 www. sina. com. cn,并按回车键,就可访问新浪网站的主页。输入后浏览器会自动识别并加上"http://"（或"https://"）。其意义如下:

HTTP 协议（hypertext transfer protocol,超文本传输协议）:用于从 WWW 服务器传输超文本到本地浏览器的传输协议。它可以使网络传输减少,让浏览器更加高效地工作。

HTTPS 协议（hypertext transfer protocol over secure socket layer）:是以安全为目标的 HTTP 通道,也就是 HTTP 的安全版。在一些对安全性要求较高的网站,比如银行、证券、购物等网站,一般采用 HTTPS 协议。

打开网页时,如果网页没有完整显示或被停止,可单击地址栏中的"刷新"按钮 ↻ ,重新打开该网页。如果要浏览本次打开过的网页,可单击地址栏左侧的"返回"按钮 ◀ 或"前进"按钮 ▶ 。

三、保存网页内容

1. 保存网页

如果需要将正在浏览的网页保存下来,可按下列步骤操作:

（1）单击地址栏行右侧的"工具"按钮 ⚙ ,在弹出的菜单中选择"文件"→"另存为"命令,打开"保存网页"对话框,如图 6-7 所示。

图 6 - 7 "保存网页"对话框

（2）选择网页保存的位置，在"文件名"下拉列表框中设置保存的文件名，在"保存类型"下拉列表框中选择保存的文件类型。列表框中保存的文件类型如下：

网页，全部：保存该网页所用的全部文件，包括图像、框架和样式表等。

Web 档案，单个文件：只保存当前网页的可视信息。

网页，仅 HTML：只保存当前 HTML 页信息，不保存图像、声音或其他文件。

文本文件：以纯文本格式保存网页信息。

（3）单击"保存"按钮。

2. 复制网页上的文本

鼠标拖动选择要复制的文本，单击鼠标右键，从弹出的快捷菜单中选择"复制"命令，则这部分文本被复制到剪贴板中，可以在其他编辑软件中"粘贴"使用。

3. 保存图片

在图片上单击鼠标右键，从弹出的快捷菜单中选择"复制"命令，可将图片复制到剪贴板中。若要将图片保存下来，则可从快捷菜单中选择"图片另存为"命令，如图 6 - 8 所示。在打开的"保存图片"对话框中设置保存的路径，输入图片名称，单击"保存"按钮即可。

图 6 - 8 "图片另存为"命令

四、历史记录和收藏夹

IE 将浏览过的网页地址按日期顺序保存在"历史记录"中,用户可以通过单击"历史记录"中的网址来打开浏览过的网页。

收藏夹是用来保存网页地址的特殊文件夹。收藏的网址可以打开浏览,也可以和文件夹一样进行分类管理(包括复制、移动、重命名、删除)。收藏夹还可以进行导入和导出。

在浏览网页时,用户可以将喜爱的网址添加到收藏夹,以后再浏览这些网页时,只需在"收藏夹"列表中进行选择,就可以打开要浏览的网页。

1.收藏夹和历史记录

单击"查看收藏夹、源和历史记录"按钮 ★ ,打开收藏中心,如图 6 - 9 所示。单击收藏中心的"固定收藏中心"按钮 ◄ ,可将收藏中心固定在工作区的左侧。

当浏览的网页需要收藏时,可单击收藏中心的"添加到收藏夹"按钮 添加到收藏夹 ,将当前的网址收藏起来。若需打开收藏的网址,可单击"收藏夹"选项卡,在其中选择要打开的网址,即可在当前选项卡中打开。

单击收藏中心的"历史记录"选项卡,在下拉列表框中可选择"按日期查看""按站点查看""按访问次数查看""按今天的访问顺序查看"和"搜索历史记录"等选项,如图 6 - 10 所示。在记录列表中单击某一条记录可打开相应的网页。

图 6 - 9　收藏中心

图 6 - 10　"历史记录"选项卡

2.设置历史记录

(1)单击 IE 窗口右上角"工具"按钮 ⚙ ,在弹出的菜单中选择"Internet 选项"命令,打开"Internet 选项"对话框,如图 6 - 11 所示。

(2)在"常规"选项卡"浏览历史记录"选项区中进行设置。

"退出时删除浏览历史记录"选项:勾选该选项,则在关闭浏览器时删除浏览记录。

"删除"按钮:单击该按钮,弹出"删除浏览的历史记录"对话框,如图 6 - 12 所示。勾选"历史记录"选项,再单击"删除"按钮则会删除所有的历史记录。

"设置"按钮:单击该按钮,将弹出"网站数据设置"对话框,如图 6 - 13 所示。在"Internet 临时文件"选项卡中可以设置临时文件保存的位置和使用的磁盘空间大小,在"历史记录"选项卡中可以设置历史记录保存的天数。

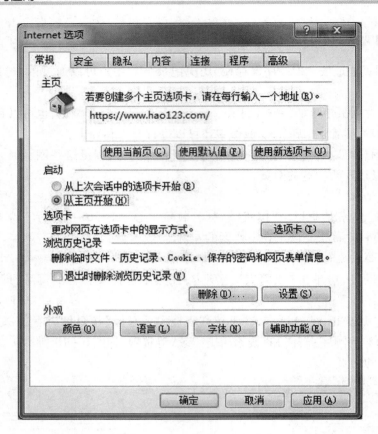

图 6 – 11 "Internet 选项"对话框

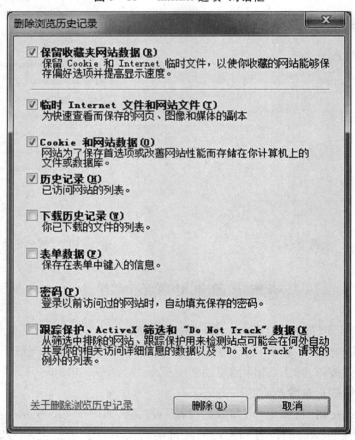

图 6 – 12 "删除浏览历史记录"对话框

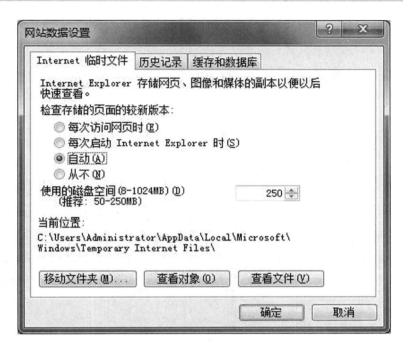

图 6 - 13 "网站数据设置"对话框

3. 整理收藏夹

用户可将收藏的网址分类组织到不同的文件夹中,以便于查找。整理的方法是:

单击"查看收藏夹、源和历史记录"按钮 ★ ,打开收藏中心,见图 6 - 9 所示。单击"添加到收藏夹"按钮右侧的下拉按钮,在弹出的菜单中选择"整理收藏夹"命令,打开"整理收藏夹"对话框,如图 6 - 14 所示。在该对话框中,显示了收藏的网址,收藏的网址可以保存在不同的文件夹中。

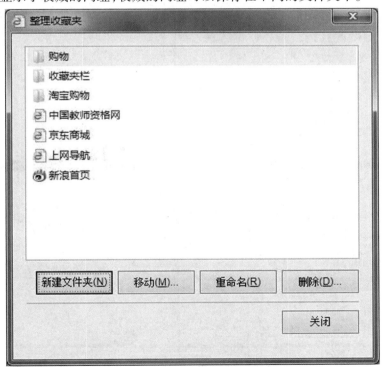

图 6 - 14 "整理收藏夹"对话框

可以直接将收藏的网址拖动到某一文件夹中,也可以使用"移动""重命名"或"删除"按钮对其进行相应的操作。若需建立新文件夹可单击"新建文件夹"按钮,新建并命名一个文件夹。整理完成后,关闭对话框。

用户也可以在"计算机"或"资源管理器"窗口中找到"收藏夹"文件夹,直接对收藏夹进行整理。

第四节　信息搜索和文件下载

用户在上网浏览时,除了可以使用"收藏夹"收集一些网址外,还可以使用"搜索引擎"在 Internet 上快速、准确地查找所需的信息。

一、搜索引擎介绍

搜索引擎是用来在 Internet 上查询信息的特殊网站。用户通过搜索引擎,输入要查找的关键词,可以找到相关内容的链接,单击要查看的链接,就可以直接浏览找到的网页。

在 Internet 上,有很多专门提供搜索引擎的"搜索网站",如百度(www. baidu. com)、谷歌(www. google. cn)、360 搜索(www. so. com)等。另外,IE11 本身也提供了微软必应搜索(http://cn. bing. com)功能。

二、搜索引擎的使用

1. 使用 IE 的搜索功能

IE 的搜索功能可以连接必应搜索网站进行查找。单击地址栏中的"搜索"按钮 🔍 ,此时地址栏变成搜索框,直接输入要查找的关键词,按回车键或"转至"按钮 → ,即可进入必应搜索网站显示搜索结果。

也可以在地址栏中直接输入要查找的关键词,按回车键或"转至"按钮 → 进行搜索。如在地址栏中输入"互联网 +",按回车键,显示出搜索结果页面,如图 6 - 15 所示。单击要查看的链接,可打开相关内容的网页。

图 6 - 15　使用地址栏搜索网页

2. 使用搜索网站

下面以"百度"搜索网站为例进行介绍:

在地址栏中输入百度的网址 www. baidu. com,然后按回车键,打开如图 6 - 16 所示的百度网站主页。在文本框中输入要搜索的关键词,如输入"互联网 +",直接按回车键或单击"百度一下"按钮,则打

图 6 – 16　百度网站主页

开搜索结果页面,如图 6 – 17 所示。

图 6 – 17　搜索结果页面

可通过搜索结果页面下方的"上一页""下一页"和数字按钮选择页面进行浏览,找到需要的内容后,单击其中的链接即可打开对应的网页。

若页面中没有需要的内容,可以选择页面下方"相关搜索"中的链接,继续进行搜索。若搜索结果页面中的链接打不开,则可返回到搜索结果页面,单击该链接下方的"百度快照"链接进行浏览。

除搜索网页外,也可以选择搜索"音乐""图片""视频""地图""文库"等内容。如选择"图片",在文本框中输入"互联网 +",单击"百度一下"按钮,则搜索结果为相关图片的页面,如图 6 – 18 所示。单击其中的图片,则打开该图片的信息网页,如图 6-19 所示。在图片上单击鼠标右键,选择"图片另存为"命令,可将图片保存下来。

图 6-18　图片搜索结果页面

图 6-19　图片信息网页

三、文件的下载

　　将网站服务器的文件复制到用户的计算机,称为文件的下载。将用户计算机的文件复制到网站的服务器中去,称为文件的上传。文件的下载和上传,是 Internet 的一个重要功能。

　　用户在网页上查找到所需要的文件,如程序文件、图像文件或影音文件等,可以将其下载到自己的计算机中。网页中的文件可直接用 IE 下载,也可用下载软件下载。

　　下面介绍使用 IE11 进行下载的方法:

　　例如,要下载如图 6-20 所示的"搜狗拼音输入法"软件,单击"立即下载"按钮,则页面下面出现如

图 6 - 21 所示的下载对话框。若单击"运行"按钮,则直接打开要下载的软件;若单击"保存"按钮,则保存到磁盘该用户目录的"下载"文件夹中;若需保存到其他位置,可单击"保存"按钮右侧的下拉按钮,从弹出的菜单中选择"另存为"命令,在"另存为"对话框中选择位置并单击"保存"按钮。

图 6 - 20　输入法下载页面

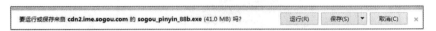

图 6 - 21　下载对话框

下载完成后,可在下载完成对话框中运行程序、打开下载文件夹或直接查看下载的软件,如图 6 - 22 所示。

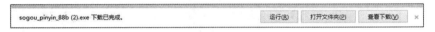

图 6 - 22　下载完成对话框

第五节　收发电子邮件

电子邮件,又称 E - mail,是一种用电子手段提供信息交换的通信方式,是 Internet 上使用最广泛的一种服务。通过网络的电子邮件系统,用户可以以低廉的价格和极快的速度与世界上任何一个角落的网络用户联系。

电子邮件和人们日常生活中的邮件传递相似,需要有寄件人和收件人的地址,也就是双方的电子邮箱,它是网络上唯一识别的电子邮件地址。电子邮件可以是文字、图像、声音等多种形式。用户需使用自己的电子邮箱发送邮件,写好邮件后填写对方的电子邮箱,就可以将邮件发送到对方邮箱中,对方打开邮箱就可以阅读邮件了。

一、电子邮件的地址和格式

1. 电子邮件地址

电子邮件地址格式如下:

＜用户标识＞@ ＜主机域名＞

用户标识就是用户申请的邮箱用户名,主机域名就是电子邮箱所在服务器的域名。如电子邮件地址 myemail_2017@ 126. com 中,"myemail_2017"为用户标识,"126. com"为电子邮箱所在服务器的域名。

2. 电子邮件的格式

一封电子邮件由信头和信体两个基本部分组成。信头相当于信封,信体相当于信件内容。信头常包括以下三项:

收件人:收件人的 E - mail 地址,如果同时发给多个收件人,则每个地址之间用逗号隔开。

抄送:抄送人的 E - mail 地址,发送给收件人的同时,给抄送人也发一封邮件。

主题:描述邮件内容的标题。

信头中的"收件人"必须填写,而"抄送"和"主题"可以省略。

信体是邮件的正文内容,可以在正文中添加文档、图片、音频或视频等附件。

二、申请电子邮箱

目前,电子邮箱有收费邮箱和免费邮箱两种。普通用户可以申请免费邮箱,下面以申请 126 免费邮箱为例,介绍申请邮箱的方法:

(1)打开 IE 浏览器,在地址栏中输入网址"www.126.com"并按回车键,打开"126 网易免费邮"的主页,如图 6 - 23 所示。

图 6 - 23　"126 网易免费邮"主页

(2)在主页中单击"去注册"按钮,打开如图 6 - 24 所示的用户注册页面。

图 6 - 24　用户注册页面

(3)在"邮件地址"文本框中输入一个符合要求的用户标识以生成 E - mail 地址,输入电子邮箱的密码,填写手机号码和验证码,单击"免费获取验证码"按钮,将手机获取的短信验证码填写后,单击"立即注册"按钮,就会出现"注册成功"的页面,如图 6 - 25 所示。在页面中显示申请的 E - mail 地址为:

myemail_2017@126.com。

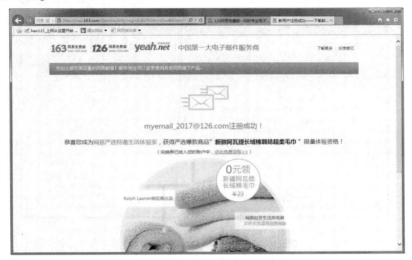

图 6 – 25　"注册成功"页面

三、收发和管理电子邮件

当用户拥有了一个属于自己的电子邮箱后,就可以在网上收发电子邮件了。常用的电子邮箱除了126 邮箱外,还有 163 邮箱、新浪邮箱、搜狐邮箱和 qq 邮箱等。收发电子邮件一般有两种方法:用浏览器收发电子邮件和用电子邮件客户端软件收发电子邮件。

（一）用浏览器收发和管理电子邮件

浏览器收发电子邮件是通过网页来直接收发电子邮件,就像浏览网页一样简单。下面以常用的 126邮箱为例,介绍收发电子邮件的方法。

1. 发送电子邮件

发送电子邮件具体操作步骤如下:

（1）在浏览器地址栏中输入 www.126.com,进入"126 网易免费邮"主页(见图 6 – 23),在邮件帐号文本框中输入申请的用户名"myemail_2017",密码文本框中输入注册的密码,然后单击"登录"按钮,就可以进入邮箱了,如图 6 – 26 所示。

图 6 – 26　邮箱页面

（2）单击左窗格中的"写信"按钮,就会打开撰写电子邮件的界面,在"收件人"文本框中输入对方的电子邮箱地址,在"主题"文本框中输入邮件的主题,在文本编辑区中输入邮件的内容,如图 6 – 27 所示。

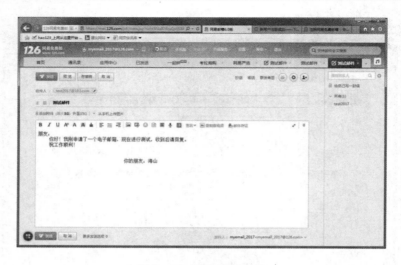

图 6 - 27   撰写电子邮件

（3）若要将计算机中已有的文件也发送给对方，可单击"添加附件"按钮，打开如图 6 - 28 所示的"选择要加载的文件"对话框，选择要发送的文件后，单击"打开"按钮，就可将文件作为附件添加到邮件中。

图 6 - 28   "选择要加载的文件"对话框

（4）单击"发送"按钮即可发送邮件，发送成功后，显示如图 6 - 29 所示的邮件发送成功界面。

图 6 - 29   发送成功界面

2. 接收电子邮件

接收电子邮件时，可以在登录邮箱后，直接单击"收件箱"，这时会在邮件列表区显示收到的邮件标题，单击要查看的邮件标题，就可在下方的阅读区浏览邮件的内容。

3. 管理电子邮件

在电子邮箱中,可对电子邮件进行管理。可选择电子邮件进行"删除""移动"或"标记"等操作,还可以使用"草稿箱""已发送""已删除"和"通讯录"等功能对邮箱进行管理。

(二)电子邮件客户端软件

相比网页收发电子邮件,使用电子邮件客户端软件更加方便。用户只需上网就能进行邮件的接收、编辑、发送和管理,还可以在新的电子邮件到达时以某种方式通知用户。常用的电子邮件客户端软件有Outlook、Foxmail 和网易邮箱大师等。下面以 Outlook 2010 为例进行介绍。

Outlook 2010 是 Microsoft Office 2010 的一个组件,单击"开始"→"所有程序"→"Microsoft Office"→"Microsoft Outlook 2010",启动 Outlook 2010。

1. 帐户设置

在使用 Outlook 收发电子邮件前,需要先对其进行帐户设置。首次使用 Outlook 2010 时,可按照对话框提示进行帐户设置,也就是把个人的邮件服务信息填入 Outlook 2010 中保存,以后再打开 Outlook 就可以直接进入界面了。用户按照对话框的提示完成帐户设置后进入邮箱窗口,如图 6 – 30 所示。

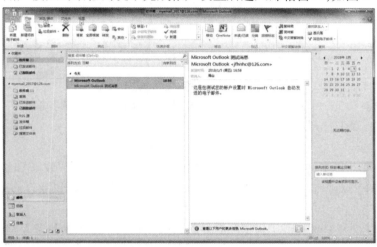

图 6 – 30 用户邮箱窗口

2. 新建和发送电子邮件

(1)撰写新邮件。单击"开始"选项卡"新建"组中的"新建电子邮件"按钮 ,弹出撰写新邮件窗口。在"收件人""抄送""主题"等文本框中输入相应的信息,在邮件内容文本框中输入邮件的内容,如图 6 – 31 所示。

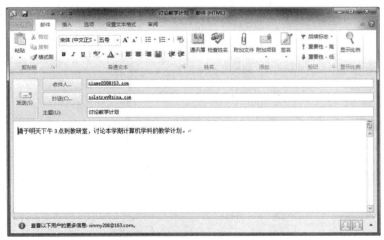

图 6 – 31 撰写新邮件

（2）插入附件。单击"邮件"选项卡"添加"组中的"附加文件"按钮 ，在弹出的"插入文件"对话框中选择要插入的文件，单击"插入"按钮返回到撰写新邮件窗口中，此时"主题"文本框下面会出现"附件"栏，显示添加的附件名，如图 6 - 32 所示。"附件"框可添加多个附件。

完成邮件内容后，单击"发送"按钮 即可将邮件发送出去。

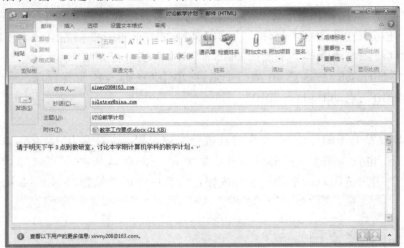

图 6 - 32　邮件中添加附件

如果邮件本次没有写完，可单击快速访问工具栏中的"保存"按钮 ，将邮件保存到"草稿"中。保存到"草稿"中的邮件，双击打开后可继续编辑。

3. 接收和阅读电子邮件

（1）接收电子邮件。启动 Outlook 2010，打开"发送/接收"选项卡，在"发送和接收"组中单击"发送/接收所有文件夹"按钮 ，弹出一个邮件发送和接收的对话框，显示发送和接收的进度，完成后就可以阅读邮件了。

（2）阅读电子邮件。在 Outlook 2010 左侧的导航窗格中选择收件人的帐户，单击"收件箱"，在右侧的窗格中会显示该帐户接收的所有邮件列表。单击要阅读的邮件，则在其右侧的预览窗格中显示该邮件的内容；双击要阅读的邮件，则会打开阅读邮件窗口，显示该邮件的所有内容，如图 6 - 33 所示。如果邮件中有附件，可以将附件保存到磁盘中。在预览窗格或阅读邮件窗口中，右键单击邮件中的附件名，从弹出的快捷菜单中选择"另存为"命令，弹出"保存附件"对话框，在其中设置保存文件的位置和名称，单击"保存"按钮。

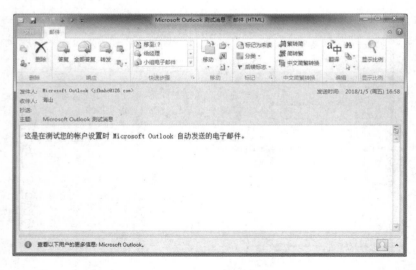

图 6 - 33　阅读邮件窗口

4. 回复和转发电子邮件

回复邮件是指用户接收到邮件后,给邮件发送人发送一封邮件,对收到的邮件进行答复。转发邮件是指接收到邮件后,将该邮件再发送给其他人阅读。

(1)回复电子邮件。打开"收件箱",选中要回复的邮件,单击"开始"选项卡"响应"组中的"答复"按钮 🔄 或"全部答复"按钮 🔄,弹出答复窗口,同时发件人和收件人的邮件地址已经自动填好,原信件内容自动插入到邮件编辑区中,方便引用。邮件内容写好后,单击"发送"按钮 📧,如图6-34所示。

也可在打开的阅读邮件窗口中,单击"邮件"选项卡"响应"组中的"答复"按钮 🔄 或"全部答复"按钮 🔄,完成上述操作。

图6-34 回复邮件窗口

(2)转发邮件。打开"收件箱",选中要转发的邮件,"开始"选项卡"响应"组中的"转发"按钮 🔄,弹出转发邮件窗口,其中的主题和转发的内容已经填写好,用户只需要填写收件人或抄送人的邮件地址,若有必要也可在转发邮件中撰写附加信息,最后单击"发送"按钮 📧,完成转发,如图6-35所示。

图6-35 转发邮件窗口

也可在打开的阅读邮件窗口中,单击"邮件"选项卡"响应"组中的"转发"按钮 🔄,完成上述操作。

5. 删除电子邮件

在Outlook2010中,用户收到的电子邮件存放在"收件箱"中,当某些邮件不需要时,可以将其删除。打开"收件箱",选中要删除的邮件,单击"开始"选项卡"删除"组中的"删除"按钮 ✕,即可将选中的邮件删除,删除后的邮件自动放入"已删除邮件"中。若要将此邮件恢复,选择该邮件,单击"开始"选项卡

"移动"组中的"移动"按钮 移动·，从弹出的下拉菜单中选择"收件箱"即可；若要将此邮件彻底删除，可打开"已删除邮件"，选择后再进行删除。

此外，Outlook 2010还提供了通讯簿管理和文件夹管理等功能，以方便用户添加联系人的信息和对电子邮件进行管理。

习题六

一、填空题

1. 从计算机网络系统的功能上看，可把计算机网络分为＿＿＿＿＿＿和＿＿＿＿＿＿。

2. 计算机网络按覆盖面积分类，可分为＿＿＿＿＿＿、＿＿＿＿＿＿和＿＿＿＿＿＿。

3. Internet是通过＿＿＿＿＿＿协议进行信息传输的。

4. 网络中常用的传输介质有＿＿＿＿＿＿、＿＿＿＿＿＿、＿＿＿＿＿＿和＿＿＿＿＿＿等。

5. 搜索引擎是用来在Internet上查询信息的＿＿＿＿＿＿。

6. 计算机网络的主要功能有＿＿＿＿＿＿、＿＿＿＿＿＿和＿＿＿＿＿＿等。

二、选择题

1. 计算机网络的主要功能是（　　）。
   A. 共享资源
   B. 扩充存储容量
   C. 加快运算速度
   D. 节省人力

2. 下列各项中不能作为域名的是（　　）。
   A. www. ceit. edu. cn
   B. www. mil36. net. cn
   C. ftp. bacy. com. cn
   D. www. eveyse. org. cn

3. 收藏夹是用来（　　）。
   A. 收集感兴趣的网页地址
   B. 收集感兴趣的文件内容
   C. 收集感兴趣的网页内容
   D. 收集感兴趣的文件名

4. 关于电子邮件，下列说法错误的是（　　）。
   A. 发送电子邮件需要E-mail软件支持
   B. 发件人必须有自己的E-mail地址
   C. 收件人必须有自己的邮政编码
   D. 必须知道收件人的E-mail地址

5. 下列属于计算机网络所特有的设备是（　　）。
   A. 稳压电源
   B. 显示器
   C. 服务器
   D. 鼠标

6. 下列属于广域网的是（　　）。
   A. 因特网
   B. 校园网
   C. 企业内部网
   D. 以上都不是

7. 下面关于TCP/IP协议的叙述不正确的是（　　）。
   A. TCP/IP协议即传输控制协议TCP和网际协议IP
   B. 全球最大的网络是因特网，它采用的协议是TCP/IP
   C. TCP/IP协议本质上是一种采用报文交换技术的协议
   D. TCP协议负责网上信息的正确传输，而IP协议是负责将信息从一处传输到另一处

8. 广域网和局域网连接是通过（　　）来实现的。
   A. 交换机
   B. 路由器

  C. 网卡   D. 调制解调器

9. 写邮件时,必须要填写的是(　　)。

  A. 信件内容   B. 收件人地址

  C. 主题   D. 抄送

10. 根据域名代码规定,表示政府部门的域名代码是(　　)。

  A. com   B. net

  C. gov   D. org

三、简答题

1. 简述计算机网络的概念和功能。

2. Internet 能提供哪些服务? 接入 Internet 有哪些常用方式?

四、上机操作题

1. 打开搜狐网主页(http://www.sohu.com)浏览新闻,并将搜狐主页添加到收藏夹中。

2. 利用百度(http://www.baidu.com)搜索关于手机的图片。

3. 在 www.163.com 网站上申请一个免费的电子信箱,并用它来发送和接收电子邮件。

第七章　计算机安全与维护

【本章要点】
(1)计算机的安全知识。
(2)计算机病毒及其防治。
(3)计算机软硬件的维护。
(4)常用工具软件介绍。

随着计算机的迅速普及和互联网的快速发展,计算机病毒也开始泛滥,计算机的安全操作与病毒防治越来越受到人们的关注。

计算机安全与维护的主要目的是为了改善计算机系统应用中可能出现的一些问题,以保证计算机的正常运行和结果的正确性,使计算机始终工作在最稳定的状态,发挥出它的最大性能。计算机性能的好坏,其配置的高低尽管是个主要因素,但使用和维护不当,再高的配置也无济于事。用户在使用计算机的时候,多注意计算机的维护,可以延长其使用寿命,最主要的是能使计算机工作在正常状态。

本章主要介绍计算机的安全与维护的知识,包括计算机安全知识、计算机病毒及其防治、计算机软硬件的维护等,并介绍一些常用的工具软件。

第一节　计算机安全知识

一、计算机安全概述

计算机安全指计算机硬件、软件和数据不因偶然或恶意的原因而遭到破坏、更改、泄露。计算机安全包括物理安全、软件安全、数据安全和运行安全等方面。对于用户来说,计算机的工作环境、物理安全、安全操作以及病毒的预防等都是保证计算机安全的重要因素。

二、计算机使用环境的要求

为计算机提供一个良好的工作环境,可以保证计算机的稳定运行,从而延长计算机的使用寿命。虽然计算机对使用环境的要求并不很高,但保持整洁干净的环境还是很有必要的。

下面是计算机使用环境的一些基本要求:

(1)保持合理的温度和湿度。计算机的环境温度一般以 10～30 ℃为宜,温度过高或过低都会影响计算机的正常工作。计算机的环境湿度一般以 20%～80% 为宜,过低容易产生静电现象,过高则容易出现结露现象,造成腐蚀、漏电、短路等问题,引起计算机的硬件故障。

(2)注意清洁。计算机应放置在清洁的环境中,灰尘和污垢会导致计算机无法正常工作,甚至发生故障。

(3)电源稳定。计算机对电源有两个要求:一是电压要稳定,电压不稳会造成计算机工作不正常、出错、重启等现象,严重的可造成硬件损坏;二是工作时电源不能中断,电源中断会造成未保存的信息丢失,甚至引起软件或硬件故障。为防止突然断电,可配备 UPS(不间断)电源,以保证计算机在突然断电后继续工作一段时间。

（4）防止干扰。计算机工作的环境应当远离强磁场干扰,而且要避免强电设备的开关操作,以保持计算机工作的稳定性。

三、计算机物理安全与安全操作

1. 计算机的物理安全

计算机的物理安全是指阻止入侵者进入计算机场所,保护计算机系统设备不被破坏。

计算机物理安全的防护应做好以下 3 个方面:

（1）权限控制。对需要使用系统资源的用户按"最小权限原则"进行授权访问。

（2）灾害防护。主要是对地震、风暴、水灾和火灾的防护。

（3）磁性介质的处理。磁性介质与计算机设备分开保存,磁性介质的报废处理要彻底。

2. 计算机的安全操作

为了保证计算机安全、可靠地运行,在使用时应注意以下几点:

（1）开关机操作。系统在开机和关机的瞬间有很大的冲击电流,所以在开机时先开外部设备再开主机,关机时先关主机再关外部设备。不要频繁开关机,开机与关机之间的时间间隔应大于 10 秒,在关闭电源之前,应先关闭应用软件和系统软件。另外,计算机要经常使用,不要长期闲置。

（2）数据的备份。对于硬盘中存储的重要信息,要经常备份,以防外来因素而导致数据丢失。

（3）安全维护。显示器要做好防强磁场的措施,软盘的使用应防磁、热、强光或受潮霉变,硬盘不要轻易拆下。

四、计算机网络的安全

由于因特网的开放性,加上计算机操作系统目前还存在着种种安全漏洞,使得网络上的病毒、流氓软件、"木马"程序盛行,网络的安全问题越来越令人担忧,必须采取措施进行防范。

1. 影响网络安全的因素

影响网络安全的因素很多,有些因素可能是有意的,也可能是无意的;可能是人为的,也可能是非人为的。

（1）人为的无意失误。如操作员安全配置不当造成的安全漏洞,用户安全意识不强,用户口令选择不慎,用户将自己的帐号密码告诉他人或与别人共享等都会对网络安全带来威胁。

（2）人为的恶意攻击。这是计算机网络所面临的最大威胁,主要有两个方面:

1）来自黑客的攻击。目前,黑客在网上的攻击活动非常频繁,黑客的行动几乎涉及了所有的操作系统,黑客利用网上的漏洞和缺陷修改网页、转移资金、窃取机密信息、发送假冒的电子邮件等,造成无法挽回的损失。

2）来自计算机病毒。计算机网络的出现和发展,也伴随着计算机网络病毒的出现。在网络环境下,病毒可以按指数倍增长方式进行传染,与传统的单机病毒相比,具有破坏性大、传播性强、扩散面广、针对性强、传染方式多和清除难度大等特点。

（3）网络软件的漏洞和"后门"。网络软件不可能没有缺陷和漏洞,这些缺陷和漏洞恰恰是黑客进行攻击的首选目标,曾经出现过的黑客攻入网络内部的事件,大部分就是因为安全措施不完善所招致的苦果。

软件的"后门"是软件公司的编程人员为了自己的方便而设置的,但一旦被泄露,所造成的后果将不堪设想。若计算机被植入"木马"程序,则在联入网络后就极有可能会被人秘密地完全控制。

2. 网络的安全防范措施

（1）加强教育,提高网络安全防范意识。对于网络用户来说,提高网络安全防范意识是解决安全问题的根本。管理和使用网络的人员,要自觉维护和遵守网络道德,共同净化和维护网络,不编制和传播病毒,发现不良信息和未知病毒及时上报处理。

（2）身份验证和访问控制。身份验证是向计算机证明自己的身份,如用户密码、短信验证码、数字签名等。访问控制主要规定用户在使用网络资源时具有何种操作权力,如人员限制、权限控制等。通过身份验证和访问控制可以保证网络资源不被非法使用和非正常访问。

(3)防火墙控制。防火墙是一个用以阻止网络中的黑客访问某个机构网络的屏障,是控制进/出两个方向的通信门槛。在网络边界上通过建立起来的相应网络通信监控系统来隔离内部和外部网络,以阻挡外部网络的侵入。

(4)信息加密。信息加密的目的是保护网内的数据、文件、口令和控制信息,保护网上传输的数据。信息加密通过形形色色的加密算法来实现,它是保证信息机密性的唯一方法。

第二节　计算机病毒及其防治

随着计算机的迅速普及和互联网的广泛使用,计算机病毒已成为当前的一大公害,严重威胁和破坏着计算机信息系统的安全,因此,如何有效地检测和防治计算机病毒已成为人们普遍关注的重要课题。

一、计算机病毒及其特征

计算机病毒是一种人为编制的计算机程序,它可以通过媒体(磁盘、网络等)进行传播,因为它像生物病毒一样,也有产生、繁殖和传播的现象,所以人们把这种破坏性的程序称为"病毒"。计算机病毒能够入侵可执行程序或数据文件,占用系统空间,从而降低计算机的运行速度,甚至破坏计算机系统的程序和数据,给用户造成极大的损失。

计算机病毒通常具有以下特征:

(1)寄生性。计算机病毒通常寄生在其他程序之中,当执行这个程序时,病毒就起破坏作用,而在未启动这个程序之前,它是不易被人发觉的。

(2)传染性。传染性是病毒的最基本特征,它是指病毒将自身复制到其他程序中,被感染的程序成为该病毒新的传染源。

(3)潜伏性。大部分病毒在感染系统后,不会马上发作,它可长期潜伏在系统中,只有满足设定的条件时才发作,这个条件可能是日期、时间、特定程序的运行或运行次数等。病毒在计算机中潜伏的时间越长,传播的范围也就越广。

(4)隐蔽性。病毒一般是具有很高的编程技巧、短小精悍的程序,有很强的隐蔽性,不经过程序代码分析或计算机病毒代码扫描,用户很难察觉到它的存在、传染和对数据的破坏。

(5)破坏性。病毒的破坏性因病毒的种类不同而差别很大。有的病毒仅干扰软件的运行;有的无限制地侵占系统资源,使系统无法正常运行;有的可以毁掉部分数据或程序,使之无法恢复;有的恶性病毒甚至可以毁坏整个系统,使系统无法启动;还有的甚至可以破坏计算机的硬件。如1998年出现的CIH病毒,不仅破坏硬盘的引导区和分区表,还会破坏计算机系统BIOS,导致主板损坏,是迄今破坏最严重的病毒。

二、计算机病毒的分类

按照病毒的基本类型来分,可以分为系统引导型病毒、可执行文件型病毒、宏病毒、混合型病毒、特洛伊木马型病毒和Internet语言病毒等6种。

1.系统引导型病毒

系统引导型病毒在系统启动时,先于正常系统的引导将病毒程序自身装入内存,然后再将系统的控制权转给系统引导程序,完成系统的引导。表面上看,计算机系统能够启动并正常运行,但由于有计算机病毒程序驻留内存,计算机系统已在病毒程序的控制之下。

2.可执行文件型病毒

可执行文件型病毒主要依附在可执行文件(COM或EXE)或覆盖文件(OVL)中,当感染了病毒的文件被执行或者当系统有读、写操作时,就向外进行传播病毒。

3. 宏病毒

宏病毒是利用宏语言编制的病毒,仅感染 Windows 系统下用 Word、Excel、PowerPoint 等办公程序编制的文档以及 Outlook 邮件等,不会感染可执行文件。我们所说的蠕虫病毒也属于宏病毒范围,蠕虫病毒能通过网络邮件系统快速自动扩散传播,在短时间内造成大面积网络阻塞。

4. 混合型病毒

混合型病毒是综合利用以上 3 种病毒的传染渠道进行破坏的病毒。混合型病毒不仅传染可执行文件,而且还感染硬盘主引导扇区,被这种病毒传染的硬盘,甚至格式化都不能清除病毒。

5. 特洛伊木马型病毒

特洛伊木马型病毒也叫"黑客程序"或后门病毒,它分成服务器端和客户端两部分。服务器端病毒程序通过文件复制、网络下载和电子邮件附件等途径传送到其他计算机中,一旦执行了这类病毒程序,病毒程序就会在每次系统启动后自动运行。当计算机联上 Internet 时,黑客就可以通过客户端病毒在网络上寻找运行了服务器端病毒程序的计算机。当客户端病毒找到这台计算机后,就能在用户不知晓的情况下使用客户端病毒指挥服务器端病毒进行各种操作,包括复制、删除、关机等,从而达到控制用户计算机的目的。

6. Internet 语言病毒

Internet 语言病毒是利用 java、VB 和 ActiveX 的特性来编写的病毒,这种病毒虽不能破坏硬盘上的资料,但如果用户使用浏览器浏览含有这些病毒的网页时,病毒就会进入计算机进行复制,并通过网络窃取个人资料或使计算机系统资源利用率下降,造成死机等现象。

三、感染计算机病毒的常见症状

计算机系统被计算机病毒感染后,如能及时发现对系统安全是非常有利的。在病毒广泛传播之前,病毒清除和系统修复也比较容易。早期发现病毒,要通过计算机感染病毒后的一些症状来判断。下面列举出感染计算机病毒的一些常见症状:

(1)系统启动和运行变得缓慢,经常出现死机或不能正常启动等现象。

(2)正常情况可运行的程序无法打开或运行缓慢。

(3)系统不认磁盘,或不能启动系统,读写磁盘异常。

(4)内存空间变小,硬盘空间变小。

(5)屏幕经常出现一些奇怪的信息或异常情况。

(6)文件数量无故增多,文件的建立时间、日期和长度发生变化。

(7)打印机或通信端口异常。

四、计算机病毒的预防与清除

计算机应做好防毒措施,特别是连入网络的计算机,更要加强防毒意识。

1. 预防病毒

计算机感染病毒后会给用户带来很多麻烦,所以应积极采取必要的防病毒措施。在日常使用计算机时,用户应采取以下措施来预防病毒:

(1)控制传染渠道。病毒的传染有两种方式:一种是网络,另一种是光盘、U 盘等移动存储介质。用户上网下载的软件、电子邮件中的附件和外来移动存储介质在使用时,应先用最新杀毒软件查毒后再使用。

(2)及时修补系统漏洞和关闭可疑的计算机端口。利用系统漏洞的恶意网页,在用户访问时能向用户系统中植入"木马"程序。

(3)选用较好的杀毒软件,开启实时监控功能,及时升级病毒库。

2. 清除病毒

如果发现计算机已感染病毒,则应立即使用杀毒软件进行扫描和清除。

第三节　计算机软硬件的维护

计算机如果维护得好,就会一直处于正常稳定的工作状态,发挥它的作用;相反,如果维护得不好,就有可能出现各种各样的问题和故障,影响正常使用。所以,做好计算机的日常维护是十分必要的。

一、计算机硬件的维护

硬件维护是指计算机系统硬件方面的维护,它包括使用环境要求、计算机各部件的日常维护和使用时的注意事项等。

1. 电源要求

保持电源插座接触良好,摆放合理,尽可能杜绝意外断电,做到关机后再切断电源。

2. 计算机的安放

计算机主机的安放应当平稳,保留必要的工作空间。要调整好显示器的高度,太高或太低都会使操作者容易疲劳。

3. 防止震动

计算机工作时,震动会造成计算机部件的损坏(如硬盘的损坏等)或数据的丢失,因此计算机工作时应避免震动,搬运时要轻拿轻放。

4. 硬盘的保护

硬盘是计算机的主要存储设备,计算机的程序和资料都放硬盘中。硬盘在使用时应当注意以下几点:

(1)硬盘正在进行读、写操作时不可突然断电,如果硬盘指示灯闪烁不止,说明硬盘的读、写操作还没有完成,此时不应强行关闭电源。

(2)硬盘的防震。当计算机正在运行时最好不要搬动它,更不能受到碰撞。硬盘在移动或运输时最好用泡沫或海绵包装保护,尽量减少震动。

(3)拿硬盘时千万不要磕碰,以免造成物理性损坏;也不要用手触摸硬盘背面的电路板,以防静电可能伤害到硬盘的电子元件,导致硬盘无法正常使用。

(4)定期进行磁盘碎片整理。磁盘碎片的产生是因为文件被分散保存到整个磁盘的不同地方,而不是连续地保存在磁盘连续的簇中所形成的。文件碎片过多,系统在读文件时就会来回进行寻找,引起系统性能下降,缩短硬盘的使用寿命。因此,要定期对磁盘碎片进行整理,以保证系统正常稳定地进行。进行磁盘碎片整理可使用 Windows 7 的"磁盘碎片整理程序"。

5. 显示器的设置

显示器如果设置不当,效果会较差,也会伤害眼睛。液晶显示器在安装后一般系统会自动识别并设置最佳分辨率和颜色,不要随意更改。对于 CRT 显示器,要正确地设置分辨率和刷新率,15 英寸显示器的合适分辨率为 800×600,17 英寸以上显示器的合适分辨率为 $1\ 024 \times 768$ 或更高,刷新率一般设置为 85Hz 以上。

6. 键盘的日常维护

(1)保持清洁。过多的灰尘会影响键盘的正常工作,有时造成误操作;杂质落入键位的缝隙中会卡住按键,甚至造成短路。清洁键盘时,一定要在关机状态下进行,湿布不宜过湿,以免键盘内部进水产生短路。

(2)不将液体洒到键盘上,防止造成接触不良、腐蚀电路造成短路等故障。

(3)按键时要注意力度适中,动作要轻柔,不要使劲按键,以免损坏键帽。

（4）在更换 PS/2 接口的键盘时不要带电插拔，带电插拔的危害是很大的，轻则损坏键盘，重则有可能会损坏计算机的部件，造成不应有的损失。

7. 鼠标的日常维护

在所有的计算机配件中，鼠标最容易出故障。鼠标在使用时应注意以下几点：

（1）避免摔碰鼠标和强力拉拽导线。

（2）点击鼠标时不要用力过度，以免损坏弹性按键。

（3）使用机械鼠标最好配一个专用的鼠标垫，以增加橡皮球与鼠标垫之间的摩擦力。还应注意定期清理橡皮球和内部的机械装置，以保持鼠标移动的灵活性。

（4）使用光电鼠标时，要注意保持感光板的清洁，使其处于良好的感光状态，避免污垢附着在发光二极管和光敏三极管上，遮挡光线接收。

8. U 盘的维护

U 盘现已成为移动存储的主要介质，它体积小，容量大，工作稳定，抗震性好，易于保管，但对电很敏感，不正确的插拔和静电容易对其造成损害，使用中要注意退出 U 盘程序后再拔盘。

二、计算机软件的安装

1. 操作系统的安装

Windows 7 的安装有以下几种方法：

（1）全新安装。用 Windows 7 安装光盘启动计算机，自动运行安装程序，按照提示进行安装。

（2）升级安装。计算机已经安装有 Windows 系统，可用升级安装的方法进行安装。启动 Windows 系统，将 Windows7 安装光盘放入光驱，系统将自动运行安装程序。如果没有自动运行，双击光盘根目录中的 Setup. exe 开始安装。

Windows 7 操作系统安装后，计算机的大部分硬件驱动程序都直接安装好了，若 Windows 7 中没有该设备的驱动程序则需要另外安装。一般情况下，需要安装的驱动程序主要有主板驱动、显示卡驱动、声卡驱动、网卡驱动和其他外部设备（如打印机）的驱动等，可用购置硬件时附送的驱动程序光盘进行安装。所有驱动程序都安装好后，再根据需要安装各种应用软件。

2. 应用软件的安装

Windows 系统下应用软件的安装，通常有以下几种方法：

（1）对于大部分光盘发行的程序，光盘放入光驱后可自动进入安装界面。若自动安装程序没有启动，则运行光盘根目录下的 autorun. exe 程序，启动自动安装程序。若没有 autorun. exe 程序，则可在光盘中查找 setup. exe 安装程序，双击运行并按提示进行安装。

（2）对于一般的软件，安装程序大多为 setup. exe，在软件文件夹下找到该文件并运行，即可按提示安装。

（3）一些小的程序，一般直接打包成一个 exe 可执行文件，直接运行这个文件并按提示安装。

（4）网上下载的软件大多为一个文件，若为 exe 可执行文件可直接运行安装，若为压缩文件（如 RAR 等），需解压缩后再进行安装。

安装程序在安装时，有时需要输入一些信息，如用户名、序列号等，可根据要求输入，并按安装向导提示完成安装过程。

三、计算机软件的维护

随着计算机操作系统功能的不断完善，它的"体积"也越来越大，同时计算机还安装了各种各样的应用软件，再加上病毒的影响等因素，计算机的软件维护变得越来越重要了，软件故障已经成为计算机不能正常工作的主要原因。

软件的日常维护主要应做好以下几点：

（1）不要随意改动计算机中的文件和设置，更不能随意删除或更改计算机中的文件或文件夹。

（2）作好防毒杀毒工作，不使用盗版和来历不明的软件，各种外来盘（如光盘、U 盘等）或外来软件，先检测病毒后再使用。

（3）同时打开的任务不要太多，特别是计算机在复制数据或安装程序时，不要运行无关的程序。

（4）清理垃圾文件。在 Windows 安装和使用过程中会产生相当多的垃圾文件，主要包括临时文件（如：＊.tmp）、日志文件（＊.log）、临时帮助文件（＊.gid）、磁盘检查文件（＊.chk）、临时备份文件（如＊.bak）以及上网浏览的临时文件等。这些文件不仅占用大量磁盘空间，还会使系统的运行速度变慢。

Windows 系统运行产生的临时文件，主要存放于 Windows 的 Temp 文件夹下，这些临时文件可直接删除。上网产生的临时文件，可用下面的方法来删除：

打开 IE11 浏览器，单击"工具"按钮 ⚙ ，从菜单中选择"Internet 选项"命令，在弹出的"Internet 选项"对话框中单击"删除"按钮，弹出"删除浏览历史记录"对话框，在对话框中选择要删除选项，单击"删除"按钮。

（5）删除不用的程序。删除应用程序时，不要直接将安装应用程序的文件夹删除，因为这样会出现删除不完全或将不该删除的删除掉了，会使系统出现一些不正常的现象。正确的方法是运行应用程序本身的卸载程序（uninstall.exe）或用"控制面板"中的"添加/删除程序"来进行删除，以保证删除无误并使系统正常运行。

（6）减少随系统自动启动的程序。利用 Windows 7 提供的系统配置实用程序，可减少随系统启动自动运行的一些程序，以节省系统资源。在"开始"菜单的搜索框中输入"msconfig"，单击找到的程序"msconfig"，打开"系统配置"对话框，选择"启动"选项卡（如图 7 - 1），去除不需要随系统启动的程序名称前的复选勾，单击"确定"按钮，重新启动计算机即可。

图 7 - 1　系统配置实用程序

（7）使用一键 ghost 等工具软件，在系统最佳状态时建立备份，当系统由于安装软件或感染病毒等原因引起工作不正常时，可使用该工具还原到备份时的状态。

第四节　常用工具软件介绍

一、电脑安全和维护软件——360 软件

360 软件包括电脑安全、安全上网、系统工具和系统急救等方面的多款软件，免费提供给用户使用。用户电脑中经常使用以下几种软件。

1.360 安全卫士

360 安全卫士是一款功能强大、使用效果良好的免费上网安全软件。360 安全卫士拥有电脑体检、木马查杀、电脑清理、系统修复、优化加速、网购保镖等多种功能,依靠抢先侦测和云端鉴别,可全面、智能地拦截各类木马,保护用户的帐号、隐私等重要信息。图 7 – 2 为"360 安全卫士 11"的主界面。

图 7 – 2　"360 **安全卫士** 11"主界面

2.360 杀毒软件

360 杀毒软件是全球第一款永久免费使用和升级的杀毒软件。它的主要功能有病毒查杀、实时防护及产品升级等功能,配合 360 安全卫士使用,可以对电脑进行全方位的保护。图 7 – 3 为"360 杀毒 5.0"软件的主界面。

图 7 – 3　"360 **杀毒** 5.0"软件主界面

3.360 软件管家

360 软件管家具有软件下载、软件升级和软件卸载等功能,具有使用方便、界面友好等特点,如图 7 –4所示为"360 软件管家 7.5"的窗口。

图 7 – 4 "360 软件管家 7.5"窗口

二、压缩和解压缩软件—— WinRAR

WinRAR 是目前使用最广泛的压缩和解压缩工具,可把计算机中文件或文件夹数据压缩为 RAR 或 ZIP 格式保存起来,在需要时重新解压缩出来。它功能强大、使用简单、压缩比例高、速度快,支持 RAR、ZIP、ARJ、CAB、ISO 等多种类型压缩文件的解压缩,具有多卷压缩和档案文件修复的功能,还可以创建自释放文件和制作简单的安装程序。利用 WinRAR 生成压缩文件便于在网上进行传输,也可以利用 Win-RAR 将网上下载的压缩文件解压缩。"WinRAR5.5"窗口如图 7 – 5 所示。

图 7 – 5 "WinRAR5.5"窗口

三、PDF 阅读器——Adobe Reader

网络上的很多文章都是用 PDF 格式,要打开这样的文档就必须安装 PDF 阅读器。这类软件有很多,经常使用的有 Adobe Reader、极速 PDF 阅读器等。使用浏览文件的操作与打开 Word 文档类似,在安装了

Adobe Reader 软件的情况下,双击 PDF 格式文件即可打开。Adobe Reader 还提供了将 PDF 文档转换为 Word 文档的功能。如图 7 - 6 所示为"Adobe Reader XI"窗口。

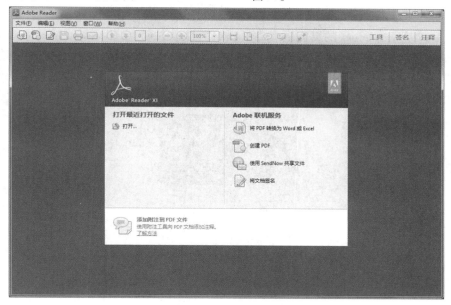

图 7 - 6 "Adobe Reader XI"窗口

四、多媒体播放软件——暴风影音

暴风影音是北京暴风科技有限公司推出的一款视频播放器,该播放器兼容大多数的视频和音频格式。暴风影音具有强大的多媒体处理功能,提供和升级了系统对常见绝大多数影音文件和流的支持,包括:RealMedia、QuickTime、MPEG2、MPEG4(ASP/AVC)、VP3/6/7. Indeo、FLV 等流行视频格式;AC3/DTS/LPCM/AAC/OGG/MPC/APE/FLAC/TTA/WV 等流行音频格式;3GP/Matroska/MP4/OGM/PMP/XVD 等媒体封装及字幕支持等。配合 Windows Media Player 最新版本可完成当前大多数流行影音文件、流媒体、影碟等的播放而无须其他任何专用软件。支持在线影片库和直播功能,提供了下载和本地视频的管理功能。如图 7 - 7 所示为"暴风影音 5"窗口。

图 7 - 7 "暴风影音 5"窗口

五、即时通信软件——腾讯软件

1. 腾讯 QQ

腾讯 QQ 是一款基于 Internet 的即时通信（IM）软件，该软件覆盖 Microsoft Windows、OS X、Android、iOS、Windows Phone 等多种系统平台。腾讯 QQ 支持在线聊天、视频通话、点对点断点续传文件、共享文件、手机与电脑互传文件、网络硬盘、自定义面板、QQ 邮箱等多种功能，并可与多种通信终端相连。图 7 – 8 所示为"腾讯 QQ8.9"窗口。

7 – 8 "腾讯 QQ8.9"窗口

2. 微信 PC 版

微信是一个为智能终端提供即时通讯服务的免费应用程序。微信提供公众号平台、朋友圈、消息推送、手机支付等功能，通过微信可以将看到的精彩内容分享给好友或微信朋友圈。

微信 PC 版功能与手机版一样，登录后可以与手机端同步接收信息，互传文件，可以截图，或者选择电脑上的文件，发给朋友或自己。如图 7 – 9 所示为"微信 PC 版 2.6"界面。

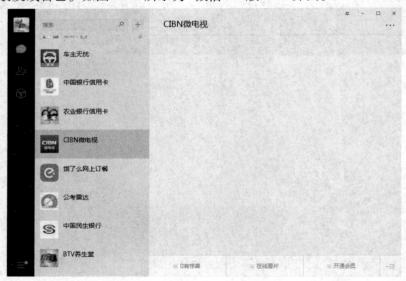

图 7 – 9 "微信 PC 版 2.6"界面

六、系统备份还原软件————一键 GHOST

一键 GHOST 是 DOS 之家首创的 4 种版本（硬盘版/光盘版/优盘版/软盘版）同步发布的启动盘,适应各种用户需要,既可独立使用,又能相互配合。主要功能包括:一键备份系统、一键恢复系统、中文向导、GHOST、DOS 工具箱等。还提供了映像文件的管理、磁盘修复程序和个人资料转移等功能,如图7-10所示为"一键 GHOST v2017"主界面。

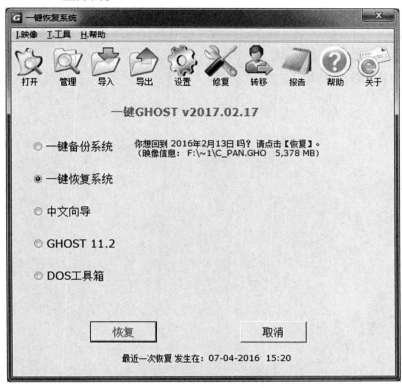

图 7-10　"一键 GHOST v2017"主界面

习题七

一、填空题

1.计算机的使用环境要求是＿＿＿＿＿＿＿＿、＿＿＿＿＿＿＿＿、＿＿＿＿＿＿＿＿和＿＿＿＿＿＿＿＿。

2.计算机的网络安全防范措施有＿＿＿＿＿＿＿＿、＿＿＿＿＿＿＿＿、＿＿＿＿＿＿＿＿和＿＿＿＿＿＿＿＿。

3.计算机病毒的特征＿＿＿＿＿＿＿＿、＿＿＿＿＿＿＿＿、＿＿＿＿＿＿＿＿、＿＿＿＿＿＿＿＿和＿＿＿＿＿＿＿＿。

4.计算机病毒的传染有两种方式,一种是＿＿＿＿＿＿＿＿,另一种是＿＿＿＿＿＿＿＿。

二、选择题

1.计算机病毒是指(　　　)。

　A.已损坏的磁盘　　　　　　　　　　　　B.带细菌的磁盘

　C.具有破坏性的特制程序　　　　　　　　D.被破坏的程序

2.关于计算机病毒的描述,不正确的是(　　　)。

　A.破坏性　　　　　　　　　　　　　　　B.偶然性

  C. 传染性   D. 潜伏性

3. 计算机病毒会造成计算机( )的损坏。

  A. 硬件、软件和数据   B. 硬件和软件

  C. 硬件和数据   D. 软件和数据

三、简答题

1. 按病毒的基本类型来分,计算机病毒有哪些种类?

2. 怎样做好计算机软件和硬件的维护?

四、上机操作题

1. 练习使用杀毒软件进行查杀病毒。

2. 学习安装和卸载软件的方法。

参考文献

[1]《计算机应用基础》郭风主编,北京,时代出版传媒股份有限公司。
[2]《计算机应用基础》罗显松,谢云主编,北京,清华大学出版社。